Boart Sibanda
John Sibhalwa Dube
Collen Themba Khombe

Comercialização de gado bovino em explorações A1 e A2 no Zimbabué

Boart Sibanda
John Sibhalwa Dube
Collen Themba Khombe

Comercialização de gado bovino em explorações A1 e A2 no Zimbabué

ScienciaScripts

Imprint

Cover image: www.ingimage.com

This book is a translation from the original published under ISBN 978-3-659-89257-8.

Publisher:
Sciencia Scripts
is a trademark of
Dodo Books Indian Ocean Ltd. and OmniScriptum S.R.L publishing group

120 High Road, East Finchley, London, N2 9ED, United Kingdom
Str. Armeneasca 28/1, office 1, Chisinau MD-2012, Republic of Moldova, Europe
Managing Directors: Ieva Konstantinova, Victoria Ursu
info@omniscriptum.com

Printed at: see last page
ISBN: 978-620-8-57744-5

ÍNDICE DE CONTEÚDOS

DEDICAÇÃO

Para Sane, os Gémeos e Lwandile

AGRADECIMENTOS

Gostaria de estender os meus sinceros e inestimáveis agradecimentos aos meus supervisores; Dr. J. S. Dube e Professor C.T. Khombe, por todas as críticas construtivas e comentários que fizeram durante o processo de redação desta tese. De facto, se não fosse por eles, esta tese não teria tomado esta forma. O crédito vai também para outros membros do pessoal do Departamento de Ciência Animal e Gestão de Pastagens da Universidade Estatal de Lupane, em particular, o Dr. M. Maphosa, o Sr. N. Moyo e a Sra. M. Moyo pelos seus contributos. Um agradecimento especial vai também para o Sr. G. Sisito da Estação de Investigação de Matopos que me ajudou muito com as estatísticas. Os meus agradecimentos excepcionais vão também para os Administradores Distritais dos distritos de Matopo, Bubi, Gwanda e uMguza que me apoiaram muito durante a investigação, assim como os representantes de vários departamentos governamentais que trabalham nessas áreas. Gostaria também de estender os meus sinceros agradecimentos aos meus enumeradores: L. Ndlovu, B. Siziba, D. Dube e M. Mlalazi. A cooperação que recebi destes colegas acelerou a conclusão da fase de recolha de dados. Gostaria também de agradecer à minha família a coragem e o apoio que me deram. Acima de tudo, agradeço a Deus vivo por me ter dado luz, orientação e proteção em todos os acontecimentos que levaram à conclusão desta tese.

RESUMO

Este estudo explorou os factores que determinam a capacidade dos agricultores ex-comunitários que foram reinstalados em antigas explorações comerciais durante a "Reforma Agrária Rápida" para se envolverem na produção de carne de bovino orientada para o mercado. O estudo centrou-se nos agricultores A1 aldeados e A2 individualizados dos distritos de uMguza, Matobo, Gwanda e Bubi, no Zimbabué. O estudo baseia-se na medição dos índices de produção (IPs) que definem os principais parâmetros de produção de carne de bovino (KPPs), nomeadamente; tamanho do rebanho, número de bezerros nascidos e número de mortes. A premissa do estudo é que, numa produção orientada para o mercado, o excesso de gado acima do limiar de reprodução deve ser enviado para o mercado. A informação foi recolhida através de um questionário estruturado junto de uma amostra aleatória de agricultores e de informadores-chave identificados. Foi recolhido um total de 196 registos, constituídos por 46% de registos de povoações A1 e 54% de povoações A2. Foram aplicados um modelo de regressão de efeitos fixos (FERM) e procedimentos de estimativa de máxima verosimilhança (MLEM). O estudo revelou que o tamanho médio dos efectivos dos distritos incluídos na amostra era de 29,8±13,7 bovinos por exploração e por ano, enquanto a taxa média de nascimentos era de 44,6%, contra a taxa nacional de partos de 46% para as zonas comunais, 56% para as antigas zonas de reinstalação e 73% para as zonas comerciais de grande escala. O estudo também revelou que o número de mortes registadas por rebanho por agricultor durante o período de estudo foi de 4,2±0,3 animais por ano contra 3,0 animais por exploração por ano nas Áreas Comerciais e 5,5 animais por exploração por ano nas Áreas Comunitárias. Concluiu-se que o aumento da produção registado nas explorações A2 resultou mais da escala de produção devido à abundância ou adequação do pasto do que da melhoria da eficiência da produção. No seu estado atual, não há provas de que os agricultores das áreas de reassentamento possam comercializar. O modelo de regressão mais adequado dos factores de sucesso para a produção de gado incluía: sistema de posse, esquema de reinstalação, criação de gado, composição da raça e educação, com um bom ajuste (valor R-quadrado) de 66,17%. Foi também revelado que existia uma correlação forte, significativa ($P<0,001$) e positiva ($r=0,6$) entre a dimensão do efetivo e o número de novilhas/vacas mantidas pelos agricultores. Esta observação é uma indicação de que os agricultores ainda estão a construir as suas manadas. Os agricultores dos diferentes regimes enfrentam uma série de desafios na produção de gado. O estudo revelou que os agricultores têm limitações de capital para comprar alimentos suplementares e vermifugadores para o seu gado. As infra-estruturas degradadas constituem um desafio para os agricultores das zonas de reinstalação, pelo que é difícil confinar o gado e praticar o pastoreio sistemático. A comercialização de gado foi invadida por intermediários e especuladores que se tornaram parasitas da comercialização sistemática de gado de carne, o que resultou em preços baixos oferecidos aos agricultores. No entanto, há margem para melhorias, particularmente nas explorações A2. A comercialização de gado bovino nas áreas de reassentamento exigirá que os agricultores aumentem os níveis de gestão (incluindo a manutenção de registos), adoptem um bom sistema de comercialização de gado bovino e utilizem raças superiores para obter a máxima produtividade. As raças cruzadas podem revelar-se a melhor opção para o atual sistema de produção. Com base neste estudo, conclui-se que os factores que determinam o sucesso da comercialização de gado de carne de bovino nas áreas de reassentamento são os factores nutricionais, a extensão, a política de posse e a genética do gado.

LISTA DE ACRÓNIMOS

AFC – Agriculture Finance Cooperation
AIAS – African Institute of Agrarian Studies
AGRITEX – Agriculture Research and Extension Services
ASPEF – Agriculture Sector Productivity Enhancement Fund
CAs – Communal Areas
CONEX – Conservation and Extension
CRD – Centre of Rural Development
CSC – Cold Storage Commission
CSC[1] – Cold Storage Company
CSO – Central Statistics Office
DANIDA- Danish International Development Agency
DEVAG – Department of Agriculture Development
DFID – Department for International Development
DRSS – Department of Research and Specialist Services
FTLR – Fast Track Land Reform
GDP – Gross Domestic Product
GIP – Government Input Scheme
IDS – Institute of Development Studies
PLAAs – Institute of Poverty, Land and Agrarian Studies
IFAD – International Fund for Agriculture Development
IFPRI – International Food Policy Research Institute
KPIs – Key Performance Indicators
KSFs – Key success Factors
LAA – Land Apportionment Act
LRAD – Land Reform for Agriculture Development
LRRP – Land Reform and Resettlement Programme
LSCS – Large Scale Commercial Sector
LPD – Livestock Production Department
NRI- Natural Resource Institute
NR I /II/ III/ IV/V – Natural Region 1….
OR – Old Resettlement
ORAs – Old Resettlement Areas
PSF – Production Sector Facility
RS – Ruzivo Trust
SG1/2/3 – Success Group1/2/3
ZCFU – Zimbabwe Commercial Farmer's Union
ZFU – Zimbabwe Farmer's Union
ZIM – STATS – Zimbabwe Statistics

CAPÍTULO 1

INTRODUÇÃO

1.1 Produção animal comunal no Zimbabué

O gado, particularmente o gado bovino, é um motor essencial das economias locais para as comunidades de pequenos agricultores nas regiões semi-áridas do Zimbabué. Estima-se que entre 70 e 86% da população rural dos distritos do sul do Zimbabué possui gado (bovino, ovino e caprino), sendo que cerca de 70% possui gado (Tawonezvi, 2005). A criação de gado no Zimbabué é praticada em três sistemas, a saber, o sector comunal, o sector de reinstalação (explorações A1 e A2) e o sector comercial.

A agricultura comunal implica a produção de alimentos para fins de subsistência. O objetivo de um sistema típico de agricultura comunal é promover a segurança alimentar ao nível do agregado familiar. Na agricultura comunal, apenas os produtos excedentes podem ser vendidos ou dados a familiares. Os sistemas de agricultura comunal no Zimbabué caracterizam-se por pequenas áreas de terra arável (±3,5 hectares), pastagens comunais, gestão extensiva, baixa base de recursos e utilização limitada de insumos agrícolas, tais como fertilizantes, alimentos para animais, medicamentos veterinários e sementes certificadas. Mais de 60% da população do Zimbabué depende da agricultura de subsistência (PAM, 2002). No entanto, as empresas de produção animal nos sistemas agrícolas comunais apresentam uma baixa produtividade devido a serviços de apoio inadequados, que vão desde os factores de produção até aos conhecimentos técnicos. Muitos destes desafios foram atribuídos a uma longa herança do regime colonial, cujas leis resultaram na instalação de pequenos agricultores em zonas marginais de baixa pluviosidade, inadequadas para a criação de gado.

Neste estudo, um agricultor comunal é definido como alguém que tem uma mentalidade de agricultura de subsistência e não tem motivação para investir no aumento da produção para além das necessidades imediatas da família. Esse indivíduo pode vender o excesso de produtos no mercado, mas não produz propositadamente para abastecer os mercados. A premissa desta tese é que a mentalidade de subsistência não é motivada por recursos limitados, mas sim por uma ideologia. Por outras palavras, o agricultor comunal pode não se transformar necessariamente num agricultor comercial (ou envolver-se numa produção que é informada pelos mercados). Para os agricultores comunais em geral e os criadores de gado em particular, Deinninger (2000) observou que a falta de conhecimentos sobre a produção de gado, o ceticismo em 'manter os animais no banco' e a 'síndrome de dependência' são algumas das atitudes que definem os agricultores comunais no Zimbabué.

1.2 O princípio subjacente à produção animal colectiva

A lógica dos sistemas comunitários de criação de gado é acumular um fornecimento de carne, leite e uma fonte de riqueza através da venda de animais, peles e couros (Scoones *et al.,* 2010; Sibanda, 2008 e Barret, 1991). Devido a estas funções importantes, o gado desempenha um papel importante na melhoria da segurança alimentar e na redução da pobreza. O gado é uma forma de banco "sem inflação" para as pessoas com poucos recursos e pode ser vendido para satisfazer as necessidades da família, tais como propinas escolares, contas médicas, impostos da aldeia e despesas domésticas (Dovie *et al.,* 2006; Simela *et al.,* 2006). O gado tornou-se uma fonte de aversão ao risco, permitindo a sobrevivência e a adaptabilidade em caso de calamidades como as secas e as cheias que causam a quebra das colheitas. Assim, o sistema de criação de gado nas zonas comunais não está orientado para o mercado.

No caso da produção de gado entre os pequenos agricultores, os objectivos não incluem a criação de gado para a geração de rendimentos, mas sim para a acumulação de activos. O Instituto Internacional de Investigação Pecuária (ILRI) demonstrou que a garantia dos activos pecuários actuais e futuros é uma via importante para tirar os pobres das zonas rurais da espiral de pobreza (ILRI, 2002). O modelo de criação comunal de gado não promove o valor e a qualidade do produto para aumentar a competitividade no mercado. A gestão do gado na agricultura comunal serve para manter o número de rebanhos com pouca ênfase nos factores chave de produção, como a fertilidade, a genética, a saúde e as taxas de lotação (Sibanda, 2008). Além disso, os princípios de gestão das pastagens não são tomados em consideração.

Quando se registam elevadas taxas de mortalidade do gado durante a seca, não existe qualquer fonte alternativa de rendimento. A consequência final é a miséria e o empobrecimento dos agricultores. Na sequência do programa FTLR, surgiu uma nova oportunidade para os agricultores das zonas ex-comunais tirarem partido de um melhor ambiente agrícola (como o aumento do espaço de pastagem) para melhorarem as suas práticas agrícolas. No entanto, os agricultores das zonas ex-comunais deparam-se com poucos recursos financeiros, conhecimentos e competências organizacionais para melhorar os seus efectivos pecuários.

A insuficiente atenção dada à investigação pelos governos coloniais antes da independência contribuiu para o crescimento limitado do sector pecuário comunal no país (Ndlovu, 1994; Herbest, 1990). Além disso, as secas frequentes e graves registadas após a independência (1982/4, 1991/2, 2000-4) dizimaram um número significativo de populações de animais, especialmente gado, nestas áreas (Gapare, 2008). Em terceiro lugar, as áreas de pastagem na maior parte das zonas comunais encontravam-se num estado precário devido ao sobrepastoreio, que acabou por causar uma degradação extensiva da terra. A expansão das áreas de cultivo para as áreas de pastagem devido ao aumento da população humana também reduziu a área de pastagem disponível. Antes da independência, a maior parte das zonas comunais situavam-se em terras marginais, em grande parte classificadas como regiões naturais IV e V. Este facto agravou a situação, limitando assim a produção e o desenvolvimento sustentáveis da pecuária a longo prazo. Os esforços de investigação desenvolvidos pelo Governo após a independência, em colaboração com as instituições internacionais de investigação pecuária (ILRI e NRI) e as agências de desenvolvimento (DANIDA e DFID), destinados ao sector pecuário comunal, foram orientados para o desenvolvimento de alimentos alternativos e de estratégias de alimentação para estimular e melhorar a produtividade do gado. Os programas de reprodução destinados a produzir animais "adequados" para as áreas comunais eram também um fenómeno comum. As inovações da investigação, tais como a alimentação com subprodutos de culturas, particularmente resíduos de culturas de cereais moídos ou picados e resíduos de culturas de cereais tratados quimicamente (utilizando ureia, soda), tinham como objetivo melhorar o valor nutricional, a ingestão e a digestibilidade dos alimentos. Embora fossem importantes, não podiam fornecer uma solução duradoura para a escassez de alimentos para o gado. A maior parte destas intervenções foram mal adoptadas pelos agricultores comunais, uma vez que eram incomportáveis ou inadequadas para os agricultores e os seus sistemas agrícolas (Ndlovu, 1994). Apesar da contribuição do gado para os meios de subsistência socioeconómicos das famílias rurais, o rebanho dos pequenos agricultores continua a ser um recurso subutilizado para a produção de carne de bovino. A produção comunitária de gado pelos agricultores tem potencial para reduzir as importações de carne de bovino, que representam entre 10 e 15% da produção local por ano (NDA, 2008; FAO, 2007).

Por conseguinte, é necessário dispor de um quadro institucional que proporcione flexibilidade para permitir que os agricultores comunais maximizem os benefícios económicos dos seus recursos pecuários. Uma estratégia para ultrapassar este problema consiste em adotar uma produção animal orientada para o mercado.

1.3 Produção animal comercial

A produção orientada para o mercado tem um maior envolvimento com os mercados, seja para insumos, produtos ou ambos, por parte dos agricultores (Moyo, 2006). Esta tese apoia esta visão alargada e define a comercialização agrícola como um processo de transformação agrícola em que os agricultores passam de uma produção de subsistência orientada principalmente para o consumo para sistemas de produção orientados para o mercado e para o lucro. O processo envolve a substituição progressiva da subsistência por práticas comerciais (Pingali e Rosegrant, 1995). Isto implica uma maior integração dos agricultores na economia de troca; movimentos deliberados para satisfazer de forma competitiva as necessidades de lucro do mercado; maior reconhecimento da agricultura como um empreendimento comercial, produção para o mercado, participação nos mercados de insumos e produtos, consciência do lucro, adoção e investimento em tecnologias eficientes, bem como fortes ligações formais com outros actores da cadeia de valor (von Braun e Kennedy, 1994; Pingali e Rose , 1995; Banco Asiático de Desenvolvimento [ADB], 2004; Jaleta *et al,* 2009). Avaliações mais específicas do sector pecuário africano sublinharam a necessidade de um enfoque no desenvolvimento da pecuária a favor dos pobres (Perry *et al.*, 2005; Hall *et al,* 2004; Heffernan *et al.*,

2003) - relacionado com a ênfase crescente no papel de um maior acesso ao mercado para os produtos agrícolas do mundo em desenvolvimento como uma via para sair da pobreza (Perry *et al.*, 2005). O modelo concetual para a comercialização foi proposto por vários académicos (Zhou *et al,* 2013; Pingali e Rosegrant, 1995; von Braun e Kennedy, 1994) e ajuda a compreender o processo, os elementos, os motores e os determinantes da produção orientada para o mercado.

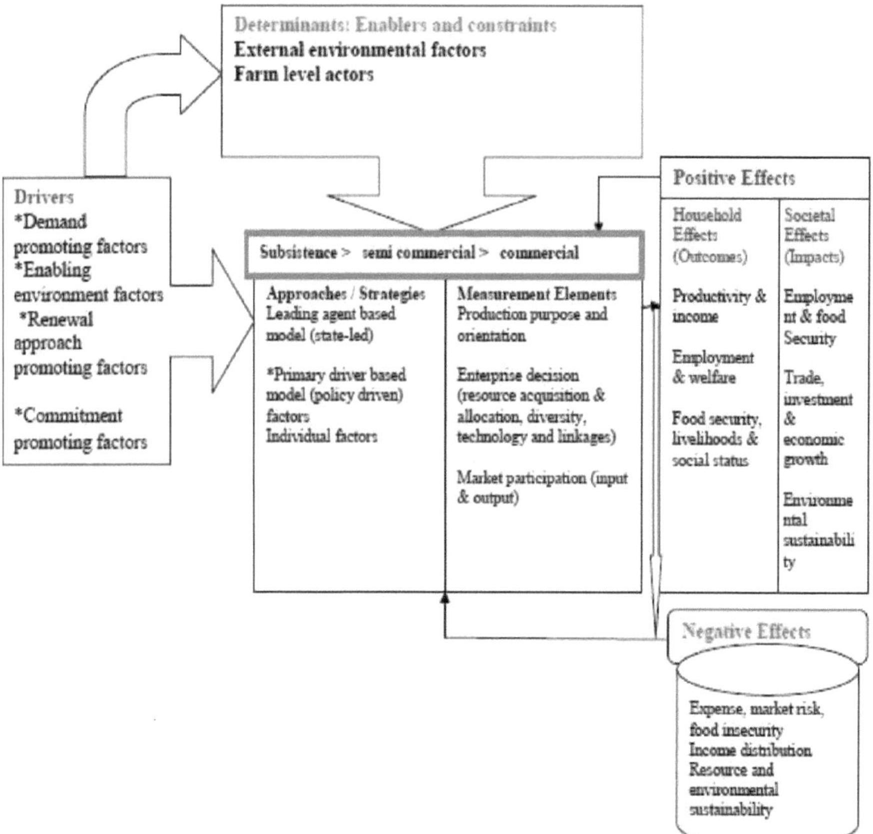

Figure 1. Conceptual model for agriculture commercialization.
Source: Illustrated based on von Braun and Kennedy (1994); Pingali and Rosegrant (1995); Zhou *et al,* (2013)

O modelo é útil para compreender o conceito de comercialização em várias perspectivas. Apresenta uma visão concisa mas condensada, destacando os principais factores de comercialização e a forma como estão inter-relacionados (Figura 1). Zhou *et al,* (2013) relatam que os elementos de medição podem ser usados para traçar o perfil dos pequenos agricultores de acordo com as suas classes, a fim de elaborar estratégias e intervenções direcionadas para diferentes níveis. A comercialização pode ser orientada por políticas, pela procura (Pinstrup-Andersen *et al.*, 1997; Relgado *et al.*, 1999), pela tecnologia (Pingali, 2005), pelo empreendedorismo (Ruddman, 2008) ou pela cadeia de valor (ADB, 2004; Barret, 2008). De acordo com Sibanda (2005), um crescimento inclusivo na produção de gado exige o apoio de todas as partes interessadas para lidar com os constrangimentos e participar nas oportunidades de comercialização para obter todos os benefícios.

Khombe (2008) afirma ainda que a agricultura comercial é praticada quando indivíduos ou grupos produzem determinadas quantidades de um produto para um mercado específico, contribuindo as respectivas actividades agrícolas com uma componente significativa (mais de 60%) do rendimento do indivíduo. O objetivo da estratégia de comercialização de gado nas áreas comunais é aumentar o rendimento em dinheiro das famílias comunais. As implicações para o sucesso da comercialização de carne de bovino não são apenas a realização de um fornecimento regular de carne de bovino de qualidade, mas também a geração de divisas. O sucesso na comercialização de gado bovino é definido pela capacidade do agricultor de atingir a meta e os objectivos estabelecidos, principalmente a maximização do lucro. Uma empresa de produção de carne bovina comercializada é intensivamente capitalizada com tecnologia moderna para estimular o crescimento e expandir a oferta do produto.

Ao contrário do sistema agrícola comunal, a agricultura comercial mantém uma estreita interação com os bancos para efeitos de investimentos e acesso a empréstimos. O objetivo da produção pecuária comercial é gerar mais rendimentos que possam ser investidos através de esquemas de rendimento fixo e de depósitos com juros elevados. O ponto central na compreensão da comercialização tem a ver com o conhecimento de como os mercados e as políticas institucionais influenciam a produção agrícola. Os principais motores básicos que têm de ser desenvolvidos e coordenados para alcançar a sustentabilidade do desenvolvimento e crescimento agrícola são: novas tecnologias produzidas por investimentos públicos e privados em investigação agrícola; capital humano sob a forma de competências profissionais, de gestão e técnicas; crescimento sustentado do capital biológico (melhorias genéticas e de criação de gado) e investimentos de capital físico em casas, barragens e estradas. Basicamente, a produtividade num sistema de produção agrícola comercializado é influenciada por factores socioculturais, técnicos e ambientais, bem como pela atratividade do mercado (Matondi e Manyuki-Hungwe, 2004).

A produção animal deve contribuir de forma significativa para o abastecimento de carne e de outros produtos de origem animal e alcançar uma melhoria contínua no presente e no futuro. Ao contribuir para a oferta de produtos de carne de bovino no mercado, os próprios produtores devem estar em condições de obter lucros numa base sustentável a curto, médio e longo prazo. O processo de comercialização também envolve a apresentação de um produto específico para um mercado específico, por exemplo, na comercialização de gado podem ser desenvolvidas políticas de produção para servir o mercado de um produto específico, como o gado desmamado ou a carne de vaca.

Neste caso, é importante manter a qualidade do produto e o fornecimento para satisfazer o mercado.

1.4 Comercialização de gado

Khombe (2008) descreve um produtor de carne de bovino bem sucedido como aquele que conseguiu aumentar o tamanho do seu rebanho através do aumento das taxas de desmame ou da melhoria da produção de animais de engorda ou de abate da sua exploração numa base sustentável. O agricultor pode aumentar o tamanho do seu efetivo através da compra, da reprodução ou do aumento da taxa de produção de carcaças através da engorda. Sibanda (2005) salienta ainda que o sucesso na produção de carne de bovino pode ser demonstrado em termos de um agricultor que melhora continuamente a genética (qualidade da raça) do seu efetivo. A melhoria da qualidade da raça pode ser feita através da adoção de um programa de reprodução deliberado e controlado, geralmente envolvendo o cruzamento de raças apropriadas adaptadas ao ambiente local.

Os principais factores de sucesso para a comercialização de gado incluem o desempenho reprodutivo, a genética e a nutrição, o controlo de doenças e a gestão do rebanho. Estes factores são medidos pelos resultados dos Indicadores Chave de Desempenho (KPIs), isto é, taxas de parto, taxas de mortalidade, massa de desmame e de abate e taxas anuais de escoamento (Khombe, 2008). O escoamento é um importante fator determinante da viabilidade que deve compensar todos os custos de produção (tais como vermifugadores, mão de obra, vedações, segurança e seguros). As margens de lucro mais elevadas (rendimento) são realizadas quando as receitas das vendas são superiores aos custos variáveis totais. A eficiência do mercado é fundamental para levar os agricultores a investir na produção e a procurar lucros mais elevados.

1.4.1 A pastagem na comercialização de gado

A viabilidade das explorações agrícolas para a produção animal em pastagens é parcialmente determinada pelo potencial agro-ecológico da área, pela dimensão da terra e pelo sistema de produção animal. A produção de gado em pastagens pode não ser uma empresa viável em pequenas áreas de terra. Nestas condições, a produção de leitões desmamados, o acabamento dos animais, a reprodução e o acabamento através da redução do efetivo reprodutor ou da compra de leitões desmamados suplementares para o acabamento podem ser as melhores estratégias a adotar. Onde a terra não é um fator limitante em sistemas de grande escala, a produção de novilhos aos dois anos e meio provou ser o método mais produtivo de comercialização de carne de bovino (Mugabe e Moyo, 2008). A utilização óptima das pastagens e o fluxo total de forragem nas explorações podem ser melhorados através de melhorias nas pastagens e de estratégias de conservação de forragens. A gestão sustentável das pastagens pode ser conseguida através da manutenção colectiva das taxas de encabeçamento em sintonia com a capacidade de carga estipulada para essa região.

A iniciativa de comercialização de gado nas zonas reinstaladas (explorações A1 e A2) é vista como um passo positivo no sentido da redução da pobreza e da capacitação dos agricultores para serem auto-suficientes nas suas necessidades alimentares, ao mesmo tempo que proporciona oportunidades para os agricultores aumentarem os seus níveis de produção. Os beneficiários do programa FTLR dispunham de uma vantagem adicional para atingir o objetivo de comercialização, uma vez que estavam instalados em zonas que dispunham de infra-estruturas pecuárias sólidas, tais como currais para o gado, tanques de imersão e cercados. O impacto da comercialização deverá, em última análise, aumentar os rendimentos dos agricultores com pequenas explorações e beneficiar os agricultores através dos mercados de trabalho e de outras ligações na economia rural. Uma vez criado o ambiente adequado de produção e comercialização, os objectivos das famílias podem passar a criar gado com a intenção de obter rendimentos regulares com a sua venda. A reforma agrária no Zimbabué proporcionou oportunidades (através de melhores pastagens e recursos hídricos) para que os agricultores reinstalados passassem de uma agricultura de subsistência para uma agricultura orientada para o mercado. Isto só pode ser conseguido se houver uma mudança de mentalidade, de visão e de arranjo institucional para a ação colectiva. Por conseguinte, é necessário um estudo aprofundado para investigar os factores que podem impedir a comercialização de gado nas áreas reinstaladas.

1.4.2. Factores de sucesso para a comercialização de gado

O objetivo dos esquemas de comercialização de gado é transformar os actuais sistemas de subsistência de produção de gado em entidades viáveis de produção e comercialização de gado através de canais formais. Numa tentativa de satisfazer as condições e disposições de uma estratégia de comercialização viável, este estudo procura avaliar as potenciais eficiências de produção (em termos de tamanho do rebanho, vitelos nascidos e número de bovinos que morrem por ano), factores de sucesso para a produtividade da carne de bovino nas explorações reinstaladas e comparar estes parâmetros com a informação prevalecente na região. O estudo também delineará os desafios enfrentados pelos agricultores reinstalados que têm um impacto negativo na produção de gado nas explorações de reinstalação.

O sector comercial é o principal motor de qualquer empresa de produção de carne de bovino bem sucedida, por exemplo, no Botswana e na Namíbia, toda a produção de carne de bovino é comercializada em 'postos de gado' e em Agricultura Comercial de Grande Escala, enquanto na África do Sul existem as Beef Profit Partnerships (BPP) (Masunda e Mtetwa, 2007). No entanto, a comercialização de carne de bovino nas áreas reassentadas do Zimbabué requer não só uma mudança de mentalidade, visão e arranjo institucional, mas também a revisão da política institucional para encorajar o envolvimento de pequenos produtores e o melhoramento das raças de gado existentes para satisfazerem os graus de carcaça nacionais e internacionais. O êxito do sector da carne de bovino é possibilitado por incentivos ao investimento sob a forma de contratos de arrendamento a longo prazo, empréstimos/subsídios para infra-estruturas e factores de produção, formação e ligação ao mercado (Timan *et al.*, 2004). Factores semelhantes são também citados no sucesso do sector caprino da Namíbia, bem como nos sectores caprino e hortícola da África do Sul - com a adição de fortes grupos de produtores, compromisso do sector privado, tecnologia e informação de mercado (Roets e Kirsten, 2005; Kruger e Lammerts-Imbuwa, 2008; Louw *et al,* 2008). É evidente que o sucesso da comercialização não pode ser atribuído a um único fator, mas a uma combinação de vários factores complementares.

A hipótese central desta investigação é que as estratégias adequadas para a comercialização sustentável de gado de carne dependem da mudança de mentalidade de uma atitude comunitária para uma abordagem comercial. A hipótese é que o sucesso na produção pecuária é afetado por diferenças na vantagem comparativa e esta é largamente determinada por diferenças no acesso a mercados, infra-estruturas e capacidades de carga de pastagem em diferentes zonas ecológicas. Outros factores, como o acesso a tecnologias através de assistência técnica, o acesso ao crédito e os direitos de posse da terra, também podem influenciar o sucesso da produção de carne de bovino orientada para o mercado em áreas reinstaladas (Pender *et al.*, 2006). Neste estudo, a medição de um sector comercializado bem sucedido foi feita com base nos parâmetros de produção, nomeadamente: tamanho do rebanho, número de vitelos nascidos e número de mortes por rebanho.

1.5 Declaração do problema

Prevê-se que a procura de produtos pecuários mais do que duplique durante os próximos 20 anos, principalmente devido ao rápido crescimento da população nos centros urbanos, juntamente com o crescimento económico, especialmente nos países em desenvolvimento (Delgado, 1999; Banco Mundial, 2005; Costales *et al,* 2006). No Zimbabué, a produção de gado bovino mudou drasticamente após o programa FTLR, em que os agricultores recentemente instalados (A1 e A2) são agora os principais responsáveis pela produção de gado. Embora a era da reforma agrária tenha proporcionado aos antigos agricultores comunais uma oportunidade de melhorar a produção agrícola, a observação geral entre os agricultores recém-instalados é que houve uma baixa produção pecuária intensiva, em termos de tamanho do rebanho, nascimentos e mortes elevadas. Este facto criou uma grande lacuna na cadeia de produção de gado bovino. Além disso, as más práticas de gestão do gado não só reduziram a produtividade do gado nas zonas de reinstalação, como também reduziram a oferta de carne de bovino no mercado local e no mercado de exportação.

Embora a reforma agrária tivesse como objetivo melhorar a produtividade da carne de bovino nas áreas de reassentamento em termos de tamanho dos rebanhos, elevado número de nascimentos e baixo número de mortes, aparentemente os beneficiários da reforma agrária eram agricultores com conhecimentos limitados (falta de conhecimentos técnicos) sobre agricultura comercial em geral e produção de gado em particular.

A perda de gado devido a uma má gestão do rebanho foi de 74% e as taxas anuais de abate caíram 23% no distrito de Mangwe, na província de Matabeleland South (Khombe, 2008) e, Moyo *et al.*, (2009) indicam que houve uma baixa eficiência no uso da terra e na produção em áreas reassentadas, principalmente nas províncias de Matabeleland South e North, que são tradicionalmente áreas de criação de gado, foram afectadas (Cliffe *et al.*, 2011).

As explorações agrícolas atribuídas aos novos agricultores após o programa FTLR são de pequena dimensão para a criação comercial de gado em comparação com as antigas explorações LSC pertencentes aos antigos agricultores comerciais. Este facto implica que, nas condições actuais, pode ser difícil desenvolver uma atividade comercial de pecuária intensiva. A cultura dos agricultores recentemente reinstalados nos programas A1 e A2 ainda possui uma mentalidade de exploração agrícola comunal, em que surge um padrão agrícola mais misto baseado numa estratégia de pastoreio para satisfazer a procura local de leite e carne e fornecer gado de tração. Anseewu e Mathebula (2008) concordam com a noção, mas observaram uma "mentalidade de produção pecuária comunal" como outro fator que contribui para a fraca produção pecuária nas áreas reinstaladas. Além disso, os agricultores das zonas de reinstalação não dispõem de germoplasma melhorado para uma comercialização bem sucedida e têm uma assistência de extensão inadequada para melhorar o gado indígena que possuem. A sua situação é ainda agravada pelo facto de não poderem aceder a empréstimos de bancos e instituições financeiras, uma vez que não têm garantias.

A magnitude destes problemas pode ser generalizada em áreas da região de Matabeleland South, que é o núcleo da produção de gado no Zimbabué. É neste contexto que este estudo procura investigar os factores que determinam a capacidade dos pequenos agricultores para se dedicarem a uma criação de bovinos viável e orientada para o mercado.

1.6 Justificação do estudo

Durante quase um século, os agricultores das áreas comunais foram incapazes de mostrar o seu potencial para comercializar com sucesso devido à falta dos ingredientes necessários, tais como conhecimentos e melhores recursos. O programa FTLR, que teve início no ano 2000, alterou radicalmente a estrutura agrária do Zimbabué e proporcionou aos pequenos agricultores comunais a oportunidade de se dedicarem à produção comercial de gado. Os pequenos agricultores recém-reassentados possuem 85% do rebanho bovino nacional e 98% do rebanho caprino, em comparação com a posse de 38% do rebanho bovino nacional antes da reforma agrária (Sibanda, 2008; Muir, 1994). As novas explorações de reassentamento são relativamente maiores do que as explorações agrícolas anteriores, têm melhores recursos de pastagem e água, o que permite um melhor controlo da criação de gado e de outras práticas de criação. Tendo em conta o facto de os agricultores das zonas ex-comunais possuírem agora, em conjunto, a maior parte da terra e dos recursos pecuários críticos, é lógico que tenham a responsabilidade de assegurar o fornecimento de produtos pecuários a nível nacional, bem como de matérias-primas para as indústrias a jusante.

A comercialização das explorações de repovoamento é uma via através da qual o sector pecuário, outrora vibrante, pode ser ressuscitado. Isto garantirá que as taxas nacionais de abate (que são inferiores a 3% nas explorações A1 e A2) possam ser melhoradas para sustentar a procura no mercado. A procura de produtos pecuários no mercado mundial tem vindo a aumentar, o que implica a necessidade de satisfazer tanto o mercado interno como o mercado de exportação . Por exemplo, o consumo total de carne de bovino no Zimbabué é de cerca de 75 a 80 000 toneladas por ano. Como tal, este défice é uma boa justificação para melhorar a produtividade através da comercialização. Após a redistribuição das terras, os agricultores tornaram-se proprietários de grandes extensões de terra (mais de 80%), mas não há sinais significativos de utilização produtiva das terras adquiridas. Este facto foi indicado pelas baixas taxas de produção (ou seja, uma população de gado de 6,1 milhões em 1999 contra 5 milhões em 2006 e taxas de parto de 55% antes da reforma agrária para 30% após o reassentamento (Scoones *et al.*, 2010; Banco Mundial, 2006). Os agricultores comunais são obrigados a entregar os benefícios do reassentamento em melhores áreas com mais recursos para a comercialização de carne bovina.

Dado que o gado tem potencial para contribuir significativamente para a economia nacional, tal como indicado pelo desempenho do sector antes do programa FTLR, a indústria de criação de bovinos orientada para o mercado, em particular, apresenta a melhor oportunidade de transformar a produção. A iniciativa de comercialização de gado nas zonas reinstaladas é vista como um passo positivo no sentido de ressuscitar totalmente as indústrias de valor acrescentado de base agrícola no Zimbabué. Com efeito, os agricultores A2 são os novos protagonistas da indústria comercial de carne de bovino e devem impulsionar com êxito a indústria de produção de carne de bovino.

O facto de a maioria dos agregados familiares no Zimbabué preferir a carne de vaca como primeira escolha (Ndlovu, 1994) é suficiente para indicar a elevada procura de produtos de carne de vaca no país. No entanto, devido à sua escassez e, por conseguinte, ao elevado preço de mercado, a comercialização da produção de carne de bovino poderia ser uma solução para a indisponibilidade de produtos de carne de bovino no mercado. O Documento Nacional de Política Pecuária (LPD) e a estratégia do Departamento de Serviços Veterinários (DVS) para a 'reconstrução e redistribuição do gado bovino nacional centra-se na recuperação e no aumento das exportações comerciais de carne de bovino, com os pequenos proprietários encorajados a tornarem-se 'mais comercializados' e a serem 'agricultores progressistas, não detentores de gado'. Por conseguinte, este estudo procurou determinar quais os factores que determinam a comercialização da produção de bovinos de carne pelos agricultores recentemente reinstalados em zonas de produção comercial de bovinos de carne.

1.7 Objetivo geral

Melhorar a comercialização de gado de carne de bovino em pequenas explorações nas zonas de repovoamento do Zimbabué.

1.7.1 Objectivos específicos

- Determinar os níveis de produção de gado (tamanho do efetivo, número de nascimentos e mortes) dos agricultores reinstalados.
- Determinar os factores de sucesso da produção de carne de bovino e propor um modelo para o sucesso da comercialização de carne de bovino.
- Identificar os desafios que impedem o sucesso da comercialização de novos agricultores que foram reinstalados em antigas explorações comerciais.

1.7 Hipótese

As seguintes hipóteses são exploradas no estudo:

Hipótese (H_1): Os agricultores das zonas comunais que praticam a agricultura de subsistência num ambiente pobre em recursos aumentarão a produtividade e envolver-se-ão na produção orientada para o mercado quando se instalarem em ambientes com recursos adequados.

Hipótese nula (H_o): Os agricultores das zonas comunais que praticam a agricultura de subsistência num ambiente pobre em recursos continuarão a praticar a produção de subsistência quando se instalarem em ambientes com recursos adequados. Qualquer orientação observada para a produção mercantil será devida ao acaso.

1.8 Questões de investigação

O problema identificável é como o atual sistema de agricultura comunal praticado por antigos agricultores comunais reinstalados em zonas agrícolas comerciais pode ser transformado de subsistência em comercial. Este dilema central suscitou várias questões em torno das possibilidades de os agricultores comunais transformarem a sua atividade pecuária numa entidade viável e orientada para o mercado quando são reinstalados em antigas terras comerciais. Para poder abordar esta questão, foi formulado um conjunto de questões gerais de investigação, que são as seguintes

- Os agricultores recém-instalados têm a perspicácia e a capacidade de se dedicarem à produção agrícola orientada para o mercado?
- O acesso a terras adicionais (ou seja, mais terras de pastagem) resultou num aumento da produção?
- O ambiente institucional existente favorece a transformação dos agricultores recém-instalados em agricultores comerciais?
- Quais são as causas do sucesso ou do fracasso dos antigos agricultores comunais reinstalados em terras afectadas à agricultura comercial?
- Quais são as inovações e a assistência técnica disponíveis para levar os antigos agricultores comunais que se instalaram em antigas explorações pecuárias a dedicarem-se à agricultura comercial?
- Que opções de produção podem ser utilizadas para permitir uma comercialização bem sucedida nas condições dadas?
- Quais são os desafios actuais e futuros enfrentados pelos novos pequenos agricultores nas zonas de reinstalação?

O estudo tem as seguintes questões específicas, em conformidade com os objectivos:

- Quais são os parâmetros-chave para a produção de gado de corte nas áreas de reassentamento?
- Quais são os factores de sucesso da produção de bovinos de carne nas zonas de reinstalação?
- Quais são os desafios enfrentados pelos agricultores na produção de gado na área de reassentamento?

CAPÍTULO 2

REVISÃO DA LITERATURA

2.1 Antecedentes do sector pecuário no Zimbabué

A indústria pecuária é uma parte importante e integrante do sector agrícola. Ao longo dos anos, tem contribuído com 15-20% do valor total da produção agrícola de todos os subsectores agrícolas (Sibanda, 2008). As exportações estratégicas do sector da carne de bovino representam 10,2%, contra 1,9% de soja e 2,9% de produtos lácteos (Gono, 2005). Em geral, o sector das áreas comunais detém uma maior percentagem (mais de 70%) do efetivo pecuário nacional (Tawonezvi, 2005). Do efetivo nacional de 2002, 71% encontrava-se nas zonas comunais, em comparação com 60% do efetivo de 1997 (Zim-Stat, 2008). O sector das áreas comunais também mantinha uma maior população (cerca de 90%) de pequenos ruminantes, especialmente cabras, e continua a ser o maior detentor até à data (Zim-Stat, 2008; Tawonezvi, 2005). No entanto, os agricultores das zonas comunais não são grandes criadores de aves de capoeira e suínos comerciais (GoZ, 2005)

A produção de gado, em particular, tem sido uma atividade importante tanto no sector comunal como no comercial. O gado tem desempenhado várias funções, nomeadamente o fornecimento de força de tração (incluindo o transporte de insumos e produtos, madeira e água), estrume, leite e produtos à base de carne (Barret, 1991). O gado tem também uma grande importância ritual e cultural, nomeadamente como moeda de troca nas transacções de riqueza das noivas. O gado está de novo a ser reconhecido como um bem essencial para a subsistência: como chave para sair da pobreza; como um caminho para mercados lucrativos; como uma fonte de divisas; bem como recursos culturais importantes, redes de segurança social e meios de poupança (Masunda e Mtetwa, 2007; Scoones, 1992; Barrett, 1991). Ndlovu (1994) indica que a baixa taxa de abate (1-3%) nas zonas comunais se deve ao facto de o gado ser mantido para fins múltiplos.

O gado é utilizado como estratégia de aversão ao risco. Muitos agregados familiares trocam o seu gado em tempos de aflição quando necessitam de rendimento para despesas domésticas como propinas escolares, saúde, alimentação e vestuário (Khombe, 2008; Sibanda, 2005).

A posse de gado é um importante fator determinante do sucesso e do estatuto e representa um eixo fundamental de diferenciação (Scoones *et al.*, 2010). A observação feita por Steinfiled (1988) aponta para o facto de, nas zonas comunais áridas, o gado constituir o único produto agrícola que permite gerar montantes significativos de dinheiro. Se for corretamente organizada, a empresa de produção pecuária tem capacidade para apoiar a economia nacional. Sibanda, (2008) e Khombe *et al.*, (2008) mostraram que a pecuária (excluindo a fauna bravia e a pesca) pode gerar muito dinheiro.

Uma vez que a maioria dos africanos depende da agricultura para obter emprego e rendimentos, o aumento da produtividade da agricultura contribuiria para elevar o nível de vida da população média do continente africano. Para além de garantir a segurança alimentar, o comércio agrícola é visto como um veículo para melhorar a economia nacional. Com especial ênfase na comercialização dos produtos pecuários, surgirão mais oportunidades para investir na produção intensiva de gado.

2.2 Agricultura pré - colonial

No século XIX, a economia tradicional da Rodésia (atual Zimbabué) baseava-se na agricultura. Quarenta e quatro por cento dos 3,3 milhões de hectares de terra situavam-se nas regiões IV e V, secas e inférteis, enquanto outros 37% se situavam na região III. Isto significa que a maior parte das terras adquiridas tinha um potencial agrícola reduzido. Além disso, em 1990, mais de 235 000 hectares de terras adquiridas para realojamento ainda não tinham sido utilizados, apesar da procura em todo o país Rukuni e Eicher (1994). A pecuária era a principal atividade e o efetivo bovino nacional médio era superior a 500 000 cabeças. O regime colonial, através das ordens do conselho, criou reservas nativas para a instalação de nativos do Zimbabué. Isto levou à criação de um sistema agrícola dualista ou bimodal. A aprovação da LAA em 1930 formalizou a estrutura agrária dual Herbest (1990); Rukuni e Eicher, (1994).

Os pequenos agricultores comunais foram instalados em zonas com baixa pluviosidade, solos inférteis e elevada infestação de pragas e doenças. A política fundiária elaborada pelo Land Settlement Board

(LSB) intensificou a atribuição e a reserva de terras férteis aos grandes agricultores comerciais. Isto permitiu que os grandes agricultores comerciais se aventurassem na produção de culturas de elevado valor, como o tabaco e o milho, enquanto os pequenos agricultores comunitários se concentravam em culturas de cereais tolerantes à seca, como o sorgo e o painço.

A Agriculture Finance Co-operation (AFC) concedeu crédito aos agricultores comerciais de grande escala para lhes permitir comprar os seus factores de produção agrícola, tais como fertilizantes, rações para animais e vermifugadores (Rukuni *et al.*, 2006). Isto explica o maior sucesso da produção agrícola nas explorações comerciais de grande escala do que nas explorações comunitárias. Khombe *et al,* (2007) acrescentam que o Departamento de Investigação e Serviços Especializados (DRSS) estava demasiado centralizado em áreas comerciais de grande escala e era estruturalmente inadequado para a investigação em áreas comunais. No ano (1984), o Departamento de Conservação e Extensão (CONEX) providenciou a extensão para as explorações agrícolas comerciais de grande escala e o Departamento de Desenvolvimento da Agricultura (DEVAG) tratou das explorações agrícolas comunais. A política de investigação e tecnologia durante o período neo-colonial foi o principal motor da produção

revolução nas explorações agrícolas de grande escala. Como resultado, o sector comercial de grande escala teve um crescimento significativo na indústria agrícola do que o sector comunal de pequena escala. Estes desequilíbrios levaram à revisão da política de redistribuição de terras para permitir que o sector comunal de pequena escala se envolvesse em práticas agrícolas de grande escala.

Noutros países, como a África do Sul, as medidas de segregação espacial provocaram desigualdades extremas. Combinada com a limitação legal das actividades agrícolas comerciais dos agricultores negros, esta desigualdade na distribuição da terra conduziu a importantes desigualdades entre agricultores brancos e negros. Em 1994, quando se realizaram as primeiras eleições democráticas na África do Sul, cerca de 60 000 agricultores brancos ocupavam 87 milhões de hectares (ha) de terras privadas. Estas explorações comerciais contribuíam com cerca de 95% da produção agrícola total da África do Sul (Banco Mundial, 2003) e asseguravam a autossuficiência do país na maioria dos produtos agrícolas. Estas explorações empregavam entre 750.000 e um milhão de trabalhadores agrícolas (SSA, 2000). Em contrapartida, 14 milhões de negros, reunidos nos antigos bantustões e reservas, partilhavam apenas 13% da superfície da África do Sul, ou seja, 13 milhões de hectares. A grande maioria destas pessoas dedicava-se, de uma forma ou de outra, a actividades agrícolas de pequena escala, principalmente para subsistência (Hoffman, 2004). A situação na África do Sul é semelhante à da agricultura pré-colonial do Zimbabué, na medida em que, em ambos os cenários, os agricultores negros foram relegados para áreas marginais onde a atividade agrícola era inatingível. Como tal, havia uma necessidade premente de reanalisar a redistribuição equitativa da terra para os pequenos agricultores.

2.3 O sector pecuário do Zimbabué antes do programa de reforma agrária

Antes do advento da revolução agrária, existiam dois tipos distintos de agricultura: a comunal de pequenos agricultores e a comercial de grande escala (Scoones *et al.*, 2010; Moyo *et al.*, 2009; Rukuni *et al.*, 2006; GoZ, 2001). Rukuni e Eicher (1994) indicam que a aprovação da LAA no século XIX formalizou a estrutura agrária dual. As terras pertencentes aos brancos eram privadas, enquanto as terras dos negros estavam sujeitas a direitos tradicionais de posse e de utilização. A política fundiária de cariz racial conseguiu dar mais terras agrícolas de primeira qualidade aos colonos brancos do que aos agricultores comunais indígenas (Quadro 1.2). As grandes explorações agrícolas pertencentes a agricultores comerciais de grande dimensão eram totalmente orientadas para o mercado, enquanto as explorações agrícolas comunitárias eram predominantemente orientadas para a subsistência. Estas últimas recebiam muito pouco investimento ou apoio governamental e estavam afastadas da economia de mercado, embora acomodassem a maior parte da população (Rukuni e Eicher, 1986). A economia agrícola era maioritariamente dualista e os pequenos agricultores contribuíam muito menos para o PIB do que os grandes agricultores. O pequeno produtor comunal caracterizava-se por um pequeno rebanho de gado com pastagem comum (comunal), explorações agrícolas pobres e improdutivas e serviços de apoio relativamente baixos, tais como mergulhos e extensão.

A criação de gado tem sido relativamente difícil em instalações comunitárias, onde a maioria dos agricultores são agricultores de subsistência e dificilmente retêm qualquer excedente para o mercado. As elevadas densidades de gado resultaram na degradação da terra, na falta de cobertura vegetal e no desenvolvimento de espécies de gramíneas não palatáveis. Kinsley (1998) observa que, na agricultura comunal, o pastoreio é móvel e determinado pela disponibilidade de pasto. Na maioria dos casos, os agricultores comunais reduziram o número dos seus rebanhos para lhes permitir sobreviver em pequenos pedaços de terras de pastagem.

Registaram-se taxas de escoamento baixas, inferiores a 5% por ano, e uma contribuição significativamente baixa para o Produto Interno Bruto (PIB) (Rukuni e Eicher, 1986). Em contraste, o atual consumo do sector comercial é de cerca de 17 - 23%. Como indicado na Tabela 1.3, a era pré-residencial tinha uma contribuição relativamente baixa para vários mercados no sector dos pequenos produtores ou no sector comunal. Isto explica o desejo do de realizar uma análise para determinar os factores que contribuem para tal.

Antes do programa de reforma agrária, pouca investigação era diretamente dirigida à área comunal e a maioria dos ensaios analisava os benefícios das práticas de gestão comercial. O sistema e a política de comercialização favoreciam assim o sector comercial em grande escala, em detrimento dos agricultores comunais. A introdução do mercado de exportação de carne de bovino tornou ainda mais lucrativo o sistema de produção intensiva no sector comercial de grande escala. Após o período da FTLR, o impulso da investigação foi direcionado para a produção agrícola dos pequenos agricultores, por exemplo, a investigação sobre pequenos ruminantes. O objetivo era dotar os futuros agricultores de conhecimentos e competências que lhes permitissem produzir. Esta inovação surgiu após a constatação de que os pequenos agricultores eram a base do desenvolvimento da agricultura e, por conseguinte, necessitavam de todo o apoio para permitir a implementação efectiva das suas várias empresas. O investimento a ser subsidiado seria relevante para as diversas necessidades dos pequenos agricultores.

Tabela 1. Distribuição das explorações agrícolas de grande e pequena escala e geração de rendimentos antes do programa FTLR

	Pequenas explorações agrícolas*	Grandes explorações agrícolas
Terreno (ha)	20.893.700	11.213.386
População	4.662,000	1.713.000
Produção total	Z$ 551.000.000	Z$ 1.335.000.000
Compras de painéis de marketing	Z$225.000.000	Z$1.200.000.000

* A pequena escala inclui pequenos agricultores comerciais e comunais

Fonte: CSO (1998)

Tabela 2. Número de explorações agrícolas de grande dimensão no Zimbabué

Ano	Número
1904	545
1911	1,324
1945	3,699
1955	6,255
1980	5,000

Fonte: Rukuni e Eicher (1994)

Quadro 3. Contribuição das vendas de gado para vários mercados

Período	Ano	CSC	Talhos	Total	Contribuição para as vendas, %	
					Comercial	Comunitário
Antes de FTLR	1980	457700	51700	509400	96.3	4.3
	1985	400500	58206	458700	94.8	5.2
	1990	309100	99600	408700	81.4	18.6
	1980	457700	51700	509400	96.3	4.3
Depois de FTLR	1995	253100	13200	385100		
	2000	141900	239600	381500	83	17
	2001	82000	268200	350200		
	2002	187700	309900	328600		
	2003	8900	208500	217400	86	13.5

Fonte: CSO (2002)

Os agricultores comunais forneceram menos de uma média anual de 5% da carne de bovino à Comissão de Armazenamento Frigorífico (C.S.C.), enquanto os agricultores comerciais contribuíram com mais de 80% para o mercado (Quadro 1.3). Para além de beneficiarem de subsídios, a propriedade e a disponibilidade de activos foram alguns dos factores que permitiram a prosperidade dos produtores comerciais de carne de bovino em grande escala. O quadro 3 mostra uma distribuição distorcida e uma contribuição das vendas para vários mercados que favorecem o sector comercial. Observa-se igualmente que, após a reforma agrária, as contribuições das vendas dos sectores comerciais foram, em média, 12% inferiores às do período anterior à reforma agrária.

2.4 Fast Track Land Reform: uma oportunidade de comercialização

2.4.1 Possibilidade de comercialização de pequenas explorações agrícolas

É amplamente reconhecido que a comercialização da agricultura é essencial para o desenvolvimento económico global. Vários grupos populacionais comunais adaptam-se de forma diferente ao processo de comercialização, dependendo dos recursos disponíveis, das condições socioeconómicas e das políticas governamentais. Dorwad *et al.*, (2010) sugeriram diferentes comportamentos dos agricultores durante o processo de comercialização (Figura 2)

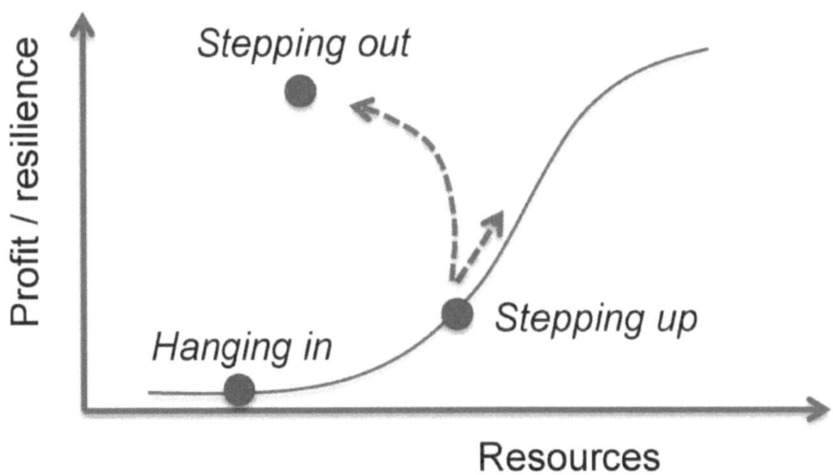

Figura 2. Passos para aumentar a produção agrícola e melhorar a segurança alimentar. (Adaptado de

Dorward *et al.;* 2010)

A figura 2 mostra que os agricultores têm diferentes oportunidades para adotar tecnologias e intensificar os sistemas de produção. Uma melhor compreensão da dotação de recursos e das estratégias de subsistência dos agricultores pode ajudar a adaptar as intervenções de desenvolvimento. Recursos adequados (stock de sementes, forragem, vermifugadores, criação de animais e oportunidades de acesso ao mercado, disponibilidade de água e acesso a serviços de extensão) são bons incentivos para intensificar o processo de produção. Ao longo do processo, Doward *et al.*, (2010) sugere que alguns agricultores podem manter-se, enquanto outros são obrigados a sair. De acordo com Zhou *et al.*, (2013) e

Manyawu (2014), o sucesso e o fracasso da comercialização dos pequenos agricultores é influenciado por muitos factores facilitadores e restritivos que podem ser físicos, políticos, económicos, socioculturais, tecnológicos e individuais.

No entanto, Zhou *et al,* (2014) propôs um modelo de comercialização de gado que se baseia na participação inclusiva das partes interessadas para atingir o objetivo desejado (ou seja, maximizar a produção de gado, o desenvolvimento de capacidades e a comercialização), (Figura 3).

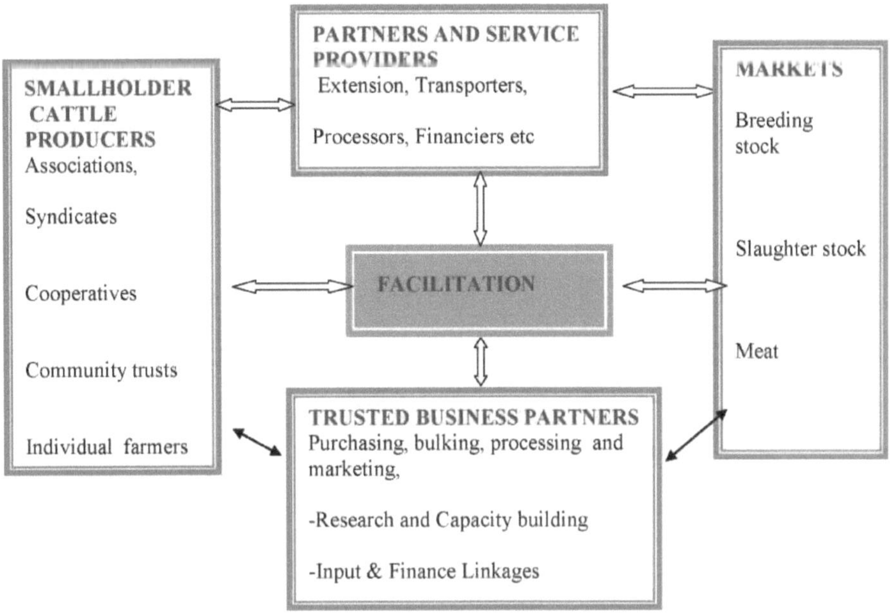

Figura 3. Melhoria da produção e comercialização de gado nas zonas de reinstalação

O modelo pressupõe que cada esforço aplicado na cadeia de valor da produção de carne de bovino requer a facilitação dos principais intervenientes para que o produto chegue finalmente ao mercado. Os factores de sucesso identificados acima só podem ter um efeito significativo no modelo de comercialização se forem apoiados por um ambiente propício para impulsionar os agricultores a chegarem ao mercado.

O movimento para direcionar o sector LSCF para o reassentamento emana do estudo encomendado pelo Banco Mundial na década de 1990. O estudo mostrou que apenas 30% deste sector era utilizado e podia potencialmente absorver mais colonizações de pequenos agricultores. O Quadro de Política Agrícola do Zimbabué (ZAPF) 1995-2015 previa a aquisição de um objetivo de 5 milhões de hectares do sector LSCF para reinstalação, o que foi aprovado pela Conferência de Doadores de 1998 sobre o Programa de Reforma Agrária (GoZ, 2002). Parece haver uma mudança de política na atual fase politicamente orientada do Programa de Reforma Agrária, em termos de objectivos de aquisição e redistribuição de terras, no sentido de uma agricultura comercial totalmente indigenizada (Utete, 2003).

No século XXI, a atenção do público para a agricultura deslocou-se dramaticamente para a questão da reforma agrária. A necessidade de resolver os desequilíbrios na aquisição de terras para a agricultura e de promover a produção agrícola de pequenos agricultores era necessária para criar espaço para a comercialização da agricultura.

Desde então, a reforma agrária tornou-se um teste de fogo político à capacidade da administração governamental para proporcionar uma vida melhor aos agricultores comunais recentemente reinstalados. A implicação é que se espera que a agricultura em geral e a comercialização de gado em particular não só gerem muito crescimento para a economia, mas também contribuam para o aumento das exportações para ajudar a pagar a pesada dívida. É nesta base que a comercialização de gado nas explorações agrícolas reinstaladas é vista como uma estratégia para inverter a situação económica e gerar mais rendimentos através da exportação de carne e de produtos animais.

A reforma agrária constitui uma oportunidade para os agricultores obterem um rendimento e contribuírem significativamente para a produção pecuária. A estratégia de investimento do governo nas zonas rurais/comunitárias é uma componente crucial para alcançar taxas de crescimento agrícola elevadas e sustentadas. Estudos realizados por Rukuni e Eicher (1986) e Ndlovu (1994) mostraram que os elevados níveis de subutilização das terras no sector comercial de grande escala constituíram uma justificação económica para uma distribuição substancial de terras.

Cliffe (1986), citado em Rukuni e Eicher (1986), assinala que cerca de 24% da terra arável total no sector comercial de grande escala era cultivada e que o rebanho bovino correspondia apenas a 35% das taxas potenciais de encabeçamento. Um estudo de Moyo *et al.* (2004) revelou que aproximadamente 23% da terra na província de Mashonaland não era utilizada. As estatísticas acima referidas indicam que os pequenos agricultores têm um grande potencial para produzir comercialmente se lhes forem fornecidos recursos financeiros, técnicos, maquinaria e institucionais adequados.

2. 4.2 Realização do potencial da agricultura de pequena escala nas zonas reinstaladas

O governo do GoZ embarcou num programa de FTLR no ano 2000 que culminou numa transferência extensiva de terras em 2004. O programa ocupou um lugar central na política e na economia do Zimbabué, polarizando também o discurso da política fundiária e da restituição a nível nacional e internacional. De acordo com Scoones *et al.* (2010) e Moyo (2005), especulava-se que o programa FTLR resultaria em insegurança alimentar e no colapso da produção agrícola. A ideia do programa de reforma agrária era transferir rapidamente as terras adquiridas de antigos agricultores comerciais de grande escala para reinstalar agricultores comunais sem terra no mais curto espaço de tempo possível (Khombe, 2008). O programa de reforma agrária no Zimbabué surgiu na sequência de uma história rica em investimentos na criação de gado (Rukuni e Eicher, 1994; Khombe, 2008).

A transferência da propriedade do gado nas zonas recentemente reinstaladas provocou diversas transformações estruturais, tanto a nível da produção como da utilização da terra. Os beneficiários do FTLRP foram instalados usando dois modelos populares, nomeadamente: Agricultores Aland A2 (Scoones, 2010; Moyo *et al.,* 2009). O modelo A2 era um modelo de propriedade individualizado no qual um indivíduo recebia propriedades de terra de 100 a 1500 hectares. Esperava-se que o modelo A2 promovesse a produção de gado orientada para o mercado e produzisse matérias-primas para cadeias de produtos de base de alto nível. O modelo A1 era um assentamento comunal estruturado com demarcações para terras aráveis e pastagens comunais. Este esquema atribuía a cada agricultor mais terras aráveis e de pastagem do que nas áreas comunais tradicionais (Moyo, 2004) e tinha potencial para produzir também produtos excedentários para os mercados. Em ambos os esquemas de reassentamento, os novos agricultores são obrigados a mostrar responsabilidade e a começar a fornecer os produtos para apoiar o sector industrial de base agrícola. Um inquérito efectuado por Moyo e Yeros (2009) indicou que a utilização das terras das explorações A1 no distrito de Mangwe era superior a 80%. As oportunidades para aumentar o tamanho do rebanho, melhorar as raças locais (através da utilização de melhores métodos/técnicas de reprodução e gestão dos rácios de reprodução), a descentralização dos mercados de carne de bovino, o desenvolvimento de infra-estruturas e a acessibilidade aos recursos alimentares e à extensão nas áreas reinstaladas significam que o objetivo de produção de uma agricultura orientada para o mercado pode ser alcançado.

O pressuposto de que os pequenos agricultores têm um problema de aceitação e fornecimento de tecnologia, e não de adequação da própria tecnologia, pode agora ser provado de outra forma. A propriedade independente da terra alterou as prioridades da indústria agrícola para ajudar os agricultores comunais a estabelecer novos objectivos de produção. Scoones *et al.* (2010) registaram um aumento significativo da criação de gado de 6,3% para 10,4% nas explorações agrícolas do reassentamento A1. A melhoria do tamanho dos efectivos foi explicada pelo conceito de grupos de sucesso (GS). Os GS foram definidos de acordo com a magnitude do aumento do tamanho do efetivo por agricultor por ano. Ele observou que o maior ganho desde o assentamento foi experimentado pelo Grupo de Sucesso 2 (SG2) em esquemas autónomos A1, onde as explorações médias aumentaram de 1,3% para 10,9% (Tabela 4). Isto deveu-se em parte ao facto de terem beneficiado de fundos do Mecanismo do Setor Público (PSF) que foram introduzidos em 2004 para fornecer recursos financeiros aos sectores produtivos face à diminuição do financiamento dos bancos privados.

Quadro 4. Média das explorações de bovinos: evolução por tipo de regime e êxito

	SG1 (%)		SG2 (%)		SG3 (%)	
Tipo de regime	Na liquidação	2008	Na liquidação	2008	Na liquidação	2008
A1	6.3	10.4	4.5	4.5	1.9	2.6
A1 autónomo	11.2	16.2	1.3	10.9	0.9	3.7
A2	18.9	20.5	13.6	14.8	11.1	4.4
Informal	7.5	12.5	4.5	3.8	0.0	0.5

Fonte: Scoones, 2008 (dados do inquérito) N = 177

É evidente que nas novas zonas de reinstalação a taxa e o nível de acumulação de gado foram mais rápidos e maiores, embora mais diferenciados entre os programas. Num quadro mais alargado, a distribuição nacional de gado após a FTLR mostrou números relativamente estáveis nas províncias de Manicaland, Masvingo e Midlands, em parte devido à disponibilização de melhores competências de maneio do gado (Quadro 5).

Tabela 5. Distribuição do gado por sector 2009 -2010

PRONVINCE	CA	A1	A2	OU	SSCFA	TOTAL
Manicalândia	446 106	5 448	13 606	136 166	8 379	609 705
Mashonaland central	367 649	62 694	40 720	26 854	13 635	511 552
Mashonaland Leste	382 659	52 506	1 650	91 634	28 810	557 259
Mahonaland oeste	249 560	171 179	245 715	25 124	16 305	707 883
Masvingo	669 473	149 176	61 821	81 122	36 042	997 634
Matabeleland norte	430 719	32 853	38 664	36 406	13 216	551 858
Matabeleland sul	450 567	1465	17 777	53 579	6 910	530 478
Terras Médias	533 007	38 647	33 433	61 036	24 261	690 384
Total	3529739	513968	453385	512102	147559	5156753

Legenda: OU - Reassentamento antigo, SSCFA - Áreas de agricultura comercial de pequena escala

Fonte: Departamento de Pecuária e Serviços Veterinários (2011)

Verificou-se uma tendência geral para o aumento do número de cabeças de gado nos sectores A1, A2 e Old Resettlement. A população bovina nos sectores Al e A2 na província de Matabeleland South é pequena (isto é, menos de 0,3% do efetivo nacional). Isto pode ser atribuído, entre outros factores, às baixas taxas de parto de 39%, que são inferiores ao objetivo nacional de 65% (Departamento de Pecuária e Serviços Veterinários, relatório de 2011). Foram registadas mortalidades de gado marginalmente mais elevadas em áreas onde prevalecem as doenças do grupo A (ou seja, as doenças que podem resultar em morte se não forem tratadas). A mortalidade média nacional foi fixada em 4,4%, com as áreas A1 e A2 nas províncias de Matabeleland a registarem 5% e 5,3%, respetivamente. As taxas de rendimento melhoraram, em geral, na maioria dos sectores agrícolas. De acordo com o relatório do Departamento de Pecuária e dos Serviços Veterinários (2011), a média nacional de consumo é de 5,3%. A taxa de consumo é ainda 4,7% inferior ao objetivo nacional de consumo de gado para a procura nacional e para a exportação. As taxas de absorção nas províncias de

Matabeleland Norte e Sul foram de 2,1% e 4,6%, respetivamente (Relatório do Departamento de Pecuária e Serviços Veterinários, 2011).

A atividade de produção de gado exige recursos fundiários adequados, apoio ao crédito e acesso ao mercado. A terra, apenas como um bem de capital, sem outros recursos complementares (tais como infra-estruturas físicas, criação e alimentação dos animais), pode não ser suficiente para apoiar a atividade agrícola.

2.5 Tendências da propriedade de gado

O efetivo comercial diminuiu enormemente na sequência da perturbação causada pelo programa FTLR. O número de cabeças de gado nas zonas de reinstalação foi limitado até 2000, em conformidade com os progressos insignificantes da política de reinstalação pós-independência. Depois de 2000, o número de cabeças de gado nos novos reassentamentos aumentou (Tabela 5), mas não dramaticamente nos números oficiais, uma vez que muitos permaneceram registados nas terras comunais (Scoones, 2010). A FAO (2012) comunicou números relativos à dimensão dos rebanhos de 11±3,7 por agregado familiar nas áreas comunais de Mangwe, com rácios touro/vaca de 1:14, embora mais de 71% dos agregados familiares tenham vacas mas não tenham touro. Noutros distritos, como Masvingo' CA, foram registados números de três efectivos (FAO/DMFOL Report, 2013). No entanto, Scoones (2008), Mavedzenge *et al.,* (2006) relataram um tamanho de efetivo de 29±7,3 em explorações A2. O tamanho médio do rebanho relatado por PRIZE (2011) mostrou números médios de rebanho/tamanho de 6,03±0,23 em esquemas A1 nos distritos selecionados no Zimbabué. Relatório, 2011). Enquanto a FAO (2012) e DVS (2011) relataram vários números médios de rebanho de até 35 por família, relatórios do CSO mostraram que alguns agricultores em esquemas A2 registaram grandes números de rebanho de ±65.

Tabela 6. Tamanho do efetivo (média±SE) em programas de reinstalação em vários distritos

Distrito	N	Tamanho do efetivo
Beitbridge	210	6.27±0.21

Bulilima	198	6.05±0.22
Mangwe	149	6.01±0.23
Matobo	168	5.78±0.15
Mberengwa	284	6.30±0.15
Mudzi	250	5.31±0.18
Rushinga	190	5.30±0.15

Fonte: Relatório do inquérito de base PRIZE (2011)

2.6 Produção média familiar de bovinos em diferentes sectores

A Tabela 7 mostra a análise comparativa dos dados de base do número de cabeças de gado, nascimentos e mortes por rebanho de 100 em vários esquemas contra os dados observados nos esquemas de FTLR. De acordo com Matowanyika (1998) e o relatório ZIMVAC (2012), o número médio de cabeças de gado no Setor Comercial de Grande Escala (LSCS) era de 1230 com uma média de nascimentos de 79 bezerros e mortes de 3 por rebanho de 100. As Áreas Comunais (ACs) e as Áreas de Reassentamento (RAs) tinham um tamanho de efetivo bovino mais ou menos semelhante, número de nascimentos e mortes por ano (Tabela 1.6)

Tabela 7. Comparação do tamanho médio do rebanho familiar, número de nascimentos e número de mortes entre o Setor Comercial de Grande Escala (LSCS), o Setor de Área Comunal (CA) e as Áreas de Reassentamento Rápido de Terras (FTLR)

Categoria	LSCS	CA	RA (FTLR)
Tamanho do efetivo	507	5.5	29± 13.7
Número de nascimentos	79	4.6	4.5± 2.4
Número de mortes	3	13	4.18±0.3

Fonte: ZIMVAC, 2012; Serviço Central de Estatística. Matowanyika, 1998.

LSCA - Área Comercial de Grande Escala, CA - Área Comunal, RA - Área de Reassentamento NB. Os nascimentos e mortes são expressos em número de animais que nascem ou morrem por efetivo de 100.

2.7 Crítica da redistribuição de terras através do FTLRP: o caso da produção de gado em pequena escala

A observação geral é que os agricultores recém-reassentados têm-se caracterizado por uma produção pecuária de baixa intensidade (Khombe, 2010). Com menos de 2,5% de taxas de consumo de gado, a produtividade do gado nas explorações recém-reassentadas tem sido sujeita a uma enorme pressão. De acordo com o Relatório de Produção Pecuária (2008), verificou-se uma distorção negativa na posse de gado, com uma queda significativa de 10% no número de cabeças de gado no sector A2. As taxas de parto foram registadas como sendo ligeiramente superiores a 32% (LPD Report, 2010). A população de gado de raça diminuiu quase 80% entre 1997 e 2005, tendo o número de criadores de raça registados diminuído mais de 93% no mesmo período (CSO, 2005). Este facto significa que o número de reprodutores de semente ou de base a partir dos quais se pode aproveitar o material genético melhorado é reduzido.

A implicação destas estatísticas é que as áreas de reassentamento, tanto A1 como A2, são altamente subutilizadas em termos de produção pecuária. A ineficiência da produção pecuária nestas áreas deve-se ao fraco apoio do governo ao programa de produção pecuária e às infra-estruturas vandalizadas durante o caos associado à reforma agrária (Khombe, 2008). O programa de reforma agrária ignorou a necessidade de conceber uma política ou diretrizes bem planeadas para os produtores de gado durante a atribuição de explorações agrícolas. Como resultado, as explorações subdivididas eram demasiado pequenas. Anos após o programa de reforma agrária, não existe um modelo viável de guia para a criação de gado nas explorações recém-reinstaladas que possa ser utilizado como base para um plano eficaz de produção de gado. Sibanda (2008) identificou como principais lacunas de capacidade a falta de competências de gestão e de empenhamento por parte dos agricultores reinstalados. No âmbito do programa de reforma agrária, foram atribuídas à maioria dos agricultores explorações A1 e A2, que são restritivas no que respeita à produção comercial de carne de bovino em grande escala. A reforma agrária baseou-se em orçamentos mínimos, que dependiam apenas das dotações orçamentais do Governo, incluindo factores de produção substanciais e um programa de apoio ao crédito à pecuária, como o National Commercial Herd Rebuilding Programme (NCHRP) proposto por Gono em 2005. O financiamento planeado era muito inferior a 30% das necessidades (Khombe, 2008). É neste contexto que deve ser aprofundada uma investigação exaustiva dos factores que limitam a comercialização por parte dos agricultores comunais instalados em antigas explorações comerciais brancas para a produção de gado.

2.8 Estudos de casos de agricultores bem sucedidos na reinstalação

Apesar da complexidade da questão da terra, é possível conceber e aplicar um programa de reforma mais eficaz e sustentável, mas é necessário um investimento muito mais sustentável de tempo e de recursos financeiros. É necessário um empenhamento renovado para avançar e reconhecer e compreender que a reforma requer tempo para ter um impacto significativo.

Na África do Sul e na Namíbia, as pessoas que obtiveram terras através da restituição ou da redistribuição, apesar de todas as adversidades, incluindo a falta de crédito, as infra-estruturas deficientes e as secas recorrentes, têm tido bons resultados (Kepe e Cousins, 2002). Têm investido em novas casas, criado manadas de gado e colhido colheitas substanciais em anos de boa pluviosidade. Cousins (2002) registou um aumento substancial da produção pecuária nas zonas de reinstalação na província do Cabo Ocidental, na África do Sul. A ideia da redistribuição de terras na África do Sul visava antes criar um sector agrícola comercial estruturado de pequena escala, melhorar a produção agrícola, revitalizar o ambiente rural e criar emprego (Anseeuw e Mathebula, 2008). O programa de Reforma Agrária para o Desenvolvimento da Agricultura (LRAD) produziu resultados produtivos e rentáveis após três anos de funcionamento. Foram reactivadas todas as estruturas de produção existentes, nomeadamente granadilhas (para as quais assumiram a licença de exportação), abacates e criação de gado (Anseewu e Mathebula, 2008).

A distribuição dos direitos fundiários e as oportunidades de acesso à terra tiveram implicações positivas na distribuição da riqueza, nas taxas de crescimento económico e na redução da pobreza, bem como na forma e direção do desenvolvimento agrícola na África Ocidental (Cotula *et al.,* 2006). A experiência de vários países da Ásia Oriental (Coreia do Sul, Taiwan) mostra que a distribuição equitativa da terra é fundamental para criar a base de um desenvolvimento económico sustentado. O Instituto Internacional de Investigação sobre a Política

Alimentar (IFPRI, 2008), na Zâmbia, referiu que os países com uma distribuição mais igualitária da terra tendem a caraterizar-se por níveis mais elevados de crescimento económico e que as pequenas explorações agrícolas exploradas pelos proprietários são desejáveis tanto do ponto de vista da equidade como da eficiência. O Fundo Internacional para o Desenvolvimento Agrícola (FIDA) argumenta que o rendimento e a produtividade total dos factores tendem a ser maiores em explorações agrícolas mais pequenas e mais equitativas e que a terra em pequenas explorações agrícolas tende a ser gerida de forma mais intensiva em termos de mão de obra (FIDA, 2001).

2.9 Constrangimentos à comercialização pelos pequenos agricultores

Os factores citados como principais constrangimentos à comercialização dos pequenos agricultores nos casos da região incluem: preconceito político histórico a favor dos grandes produtores, falta de instituições de apoio; fraco acesso a recursos produtivos, mercados, informação de mercado, serviços públicos, tecnologia e competências; diminuição do investimento e apoio do governo; elevados custos de transação; más condições agro-ecológicas, prevalência de doenças; mentalidades comerciais limitadas e crenças negativas (Rukuni *et al,* 2006; Hazell *et al,* 2007; Louw *et al.,* 2008; Poulton *et al.,* 2008; Kirsten *et al.,* 2012). No Zimbabué, em Moçambique e na Zâmbia, o declínio do investimento público após a adoção do ajustamento estrutural na década de 1990 afectou grandemente o progresso da comercialização pelos pequenos agricultores, obtido na década de 1980 com as culturas alimentares e de rendimento (Rukuni *et al.,* 2006; Biacuana e Mulemba, 2009). Segundo os autores, esta situação foi agravada pelo fraco acesso a: financiamento, mercados de elevado valor, informação de mercado, infra-estruturas, prevalência de doenças e estratégias deficientes de gestão de doenças. Na Zâmbia, uma síndrome de dependência trazida por abordagens socialistas afectou negativamente os esforços de comercialização (Mulemba, 2009), enquanto as atitudes culturais negativas dos agricultores impediram a comercialização de cabras na província sul-africana do Limpopo. A escassez de água continua a ser um constrangimento importante para a produção pecuária no Botsuana e na Namíbia, especialmente em áreas remotas (Timan *et al.,* 2004; Poulton *et al.,* 2005). A literatura não discute em pormenor os constrangimentos individuais, como as mentalidades e atitudes comerciais, mas a sua menção mostra que podem causar o fracasso da comercialização quando não são adequados (Poulton *et al*, 2005; Biacuana *et al.*, 2009). E necessário um esforço coletivo para lidar com estes constrangimentos para o sucesso da comercialização dos pequenos agricultores.

Com base nestes desafios acima mencionados, há necessidade de desenvolver estratégias de recuperação para facilitar que os pequenos criadores de gado encontrem meios de levar a cabo a sua atividade de produção. É no âmbito deste estudo que se podem encontrar soluções pertinentes para o sucesso da produção de gado nas áreas de reassentamento.

CAPÍTULO 3

MATERIAL E MÉTODOS

3.1 Descrição da zona de estudo

A investigação envolveu uma pesquisa de campo aprofundada em 8 bairros que experimentaram o Programa F T L R a partir do ano 2000. Os locais de investigação situavam-se em grupos de investigação definidos pelo modelo agrícola, quer se tratasse de esquemas de reinstalação A1 ou A2. Especificamente, o estudo foi realizado nas alas 23 e 24 do distrito de Matobo, nas alas 23 e 24 do distrito de Gwanda, na província sul de Matabeleland, nas alas 6 e 14 do distrito de uMguza e nas alas 10 e 14 do distrito de Bubi, na província norte de Matabeleland, onde os agricultores das zonas ex-comunitárias foram reinstalados em antigas explorações agrícolas comerciais durante o programa FTLR. Os locais escolhidos têm climas ecológicos diferentes. Os mapas (Figura 3 e 4) mostram as regiões onde o estudo foi efectuado.

3.1.1 Local de estudo do distrito de Matobo

O distrito de Matobo está situado a sul de Bulawayo e faz fronteira com Gwanda, a leste, e Mangwe, a sul. Situa-se na latitude 21° sul e na longitude 28° 30' leste. A parte sul do distrito é seca e situa-se na região natural V. O lado norte do distrito situa-se na região natural IV e recebe mais precipitação do que o sul. Os locais de estudo estão situados a cerca de 70 km e 134 km da cidade de Bulawayo para as alas 23 e 24, respetivamente, na parte sudeste do distrito de Matobo, na província de Matabeleland South. O distrito tem uma capacidade de carga total de 870 CN (LPD Report, 2012) e a população das alas é de 99 836 habitantes (CSO, 2002). O distrito 22 tem uma área de cerca de 25 700 hectares e situa-se na Região Agrícola Natural 5, onde chove menos de 500 mm por ano. A zona 22 é composta maioritariamente por agricultores A1 e os A2 constituem 17% dos agricultores. A ala 23 tem uma área de cerca de 18 320 hectares e é composta por 22 agricultores A1 e 8 agricultores A2 (Ministério das Terras, 2012). A caraterística marcante da precipitação na zona é a sua grande variabilidade e imprevisibilidade de um ano para o outro. A baixa precipitação intercalada com longos períodos de seca e temperaturas elevadas no verão, até 40 graus, significa que a área é geralmente seca. O distrito de Matobo é adequado para a criação de gado devido à disponibilidade de pastagens "doces". O tipo fisionómico é a Savana Arbórea, principalmente no lado norte da ala 23 com predominância de Mopane, Combretums e Acacia. As espécies de gramíneas mais dominantes são o *Panicum maximu, Eragrostis cuvula* e *Hypperrhenia filipéndula sp.*

Os mapas (Figura 3 e 4) mostram as áreas de estudo nas províncias de Matabeleland sul e norte, onde o estudo foi efectuado. A Figura 3 mostra as divisões das regiões agro-ecológicas no Zimbabué. A Figura 4 mostra as áreas de estudo delineadas no distrito de Matobo, enquanto a Figura 3 mostra as zonas ecológicas.

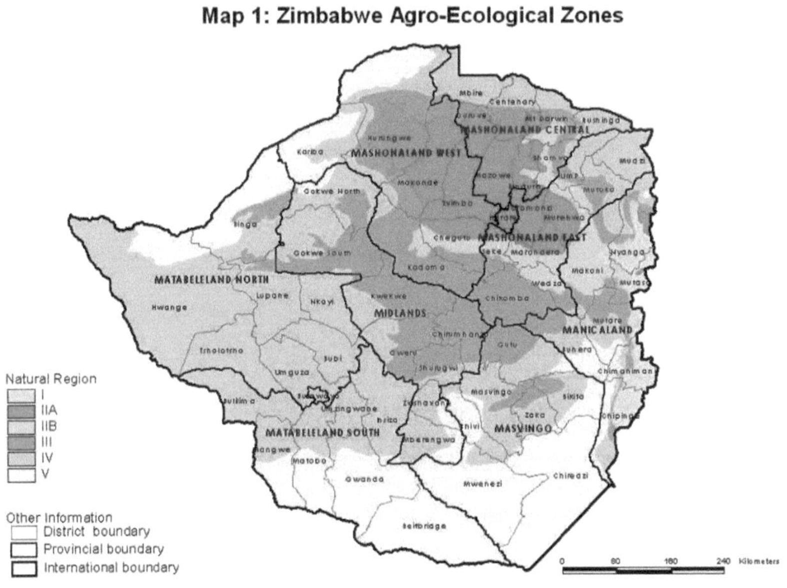

Figura 4. Regiões Ecológicas do Zimbabué (Vincent *et al.,* 1972)

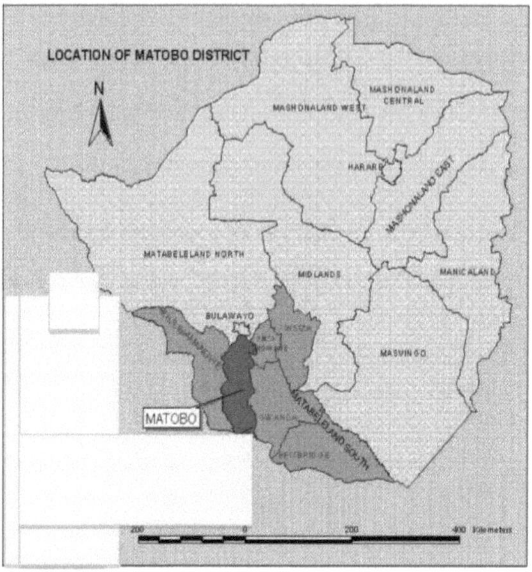

Figura 5. Local de estudo do distrito de Matobo na província de Matabeleland South

3.1.2 Local de estudo do distrito de Gwanda

Gwanda está situada a cerca de 120 quilómetros, por estrada, a sudeste de Bulawayo, a grande cidade mais próxima. Esta localidade situa-se na estrada e linha de caminho de ferro Bulawayo - Beitbridge. As coordenadas de Gwanda, Zimbabué são: 20° 56' 42.00 "S, 29° 01' 30.00 "E (Latitude: 20.9450; Longitude: 29.0250). Gwanda tem uma altitude média de 1.001 m acima do nível do mar. Gwanda caracteriza-se predominantemente por uma floresta de Mopane com uma vegetação de savana arbórea (TBS). As espécies de gramíneas dominantes são *Panicum maximum, Heteropogon contortus, Setaria sp* e Miami love grasses. De um modo geral, o distrito de Gwanda situa-se numa zona de savana doce, com predominância de gramíneas anuais e de Combretum browse tree sp, recebendo uma precipitação média de 600 mm por ano. As zonas 23 e 24 situam-se a 27 e 42 km do Central Business District (CBD) a leste da cidade de Gwanda, respetivamente.

3.1.2 Local de estudo do distrito de uMguza na província de Matabeleland North

O distrito de uMguza situa-se nas coordenadas 20° 4' 30" Sul, 28° 35' 7" Este. Tem a latitude de -20,075 e a longitude de 28,5853. O círculo eleitoral de Bubi-uMguza é constituído por dois distritos:

Bubi e Umguza com uma população de 54 896 habitantes (Zim-Stat, 2012). Ambos os distritos, ou seja, Bubi e Umguza, situam-se na província de Matabeleland North. Trata-se de uma área de terra delimitada por uma linha que parte do rio uMguza até à sua intersecção com o limite noroeste das antigas terras francas, prosseguindo depois, de um modo geral, para nordeste ao longo do limite noroeste das antigas terras francas, do limite ocidental das terras florestais de Mbembesi até à sua intersecção com o limite sul da antiga subdivisão A de Pioneer Block Estate; daí, em geral, para leste e norte ao longo do limite sul da antiga Subdivisão A de Pioneer Block Estate, dos limites oeste, sul e leste de Lake Alice Forest Land até à baliza noroeste de Goodwood Block. O distrito de uMguza-Bubi tem uma vegetação densa de Savana Arbórea (TBS) e Savana Arbórea (TS). As espécies de gramíneas mais dominantes são *Hypperrhenia filipendula, Heteropogon contortus* e *Sporobolus pyramidalis.* Enquanto as espécies arbóreas como Combretums e Terminalia são comuns no lado ocidental da ala 14, encontram-se bolsas de *Acacia karroo* e *Acacia nilotica* no lado sudeste da ala seis. A precipitação média recebida na área é de 600 mm por ano. O distrito de uMguza situa-se a uma altitude de 1 393 m acima do nível do mar.

2.2 Conceção da investigação

Foi efectuado um inquérito aos agricultores comunais que se instalaram ao abrigo dos modelos de colonização A1 e A2 na província de Matabeleland South (isto é, distritos de Matobo e Gwanda) e na província de Matabeleland North (isto é, distritos de uMguza e Bubi). A fase preparatória consistiu na exploração da situação problemática. Durante esta fase, foram identificadas as forças motrizes da comercialização. As questões iniciais de investigação foram apresentadas e foram aperfeiçoadas para captar a verdadeira questão central: "Até que ponto é possível aos antigos agricultores comunitários instalados em zonas comerciais dedicarem-se à agricultura orientada para o mercado?" O questionário foi desenvolvido e pré-testado antes de ser apresentado a agricultores selecionados aleatoriamente para recolher informações sobre as suas práticas de produção animal *(Anexo i).* Para além do inquérito, foi utilizada a técnica de amostragem "bola de neve" (uma técnica de amostragem não probabilística em que os participantes no estudo recrutam futuros participantes entre os seus conhecidos) para identificar os agricultores bem sucedidos do . A amostragem em bola de neve aumenta a probabilidade de se encontrarem correlações no estudo e permite ao investigador recolher informação especializada (Heckathorn, 2002).

2.2.1 Técnica de amostragem

Foram selecionados dois distritos de cada província (i.e. Matabeleland North e Matabeleland South). Dentro de cada distrito, foram selecionadas aleatoriamente duas alas que incluíam os modelos A1 e A2. Subsequentemente, foram selecionados aleatoriamente 30 proprietários de parcelas/agricultores com gado em cada bairro. Além disso, foi utilizada uma técnica de bola de neve, em que os informadores-chave identificados encaminharam os investigadores para outros informadores com conhecimentos sobre as questões a investigar, para identificar e selecionar dezasseis agricultores bem sucedidos entre os distritos selecionados. O sucesso dos agricultores foi medido em termos do tamanho do rebanho e das taxas de consumo por ano.

2.2.2 Recolha e análise de dados

Os dados foram recolhidos com recurso a questionários estruturados que foram administrados através de entrevistas presenciais e observações. Devido à falta de registos credíveis, os dados foram recolhidos no período de um ano (2013) para permitir uma memória fresca, aumentar a precisão da informação e reduzir a especulação. Os questionários foram aplicados a 240 titulares de parcelas/agricultores em oito bairros (30 de cada bairro). A informação recolhida incluiu a demografia dos agregados familiares, práticas de criação de gado, parâmetros de produção de gado (taxas de mortalidade por parto e tamanho do efetivo); assistência governamental oferecida aos agricultores nas áreas reinstaladas, composição das raças e comercialização do gado. A taxa de parto foi definida como o número de vitelos nascidos durante o ano numa exploração por cada 100 vacas em questão. A taxa de mortalidade foi definida como o número de animais velhos e novos que morrem durante o ano em questão e a dimensão do efetivo foi definida como o número total de bovinos mantidos pelos agricultores num determinado distrito, numa determinada altura. A taxa de resposta foi de 82% para o gado bovino. Foram recolhidos 86 registos de povoações A1 (37 de Bubi, 5 de Gwanda, 15 de

Umguza e 29 dos distritos de Matobo). Foram recolhidos 110 registos das povoações A2 (10 de Bubi, 34 de Gwanda, 35 de Umguza e 31 dos distritos de Matobo).

Tabela 8. Justificação económica para a seleção de factores de sucesso para a comercialização de gado de carne nas áreas de reassentamento

Factores de sucesso	Justificação económica para a seleção da variável
Direito de posse	A ausência de direitos de posse (cartas de oferta e títulos de propriedade) reduz a confiança dos agricultores para aumentar a produção de gado.
Tipo de reinstalação	Os agricultores A2 nas zonas de reinstalação têm mais probabilidades de aumentar a sua produção do que os agricultores A1, devido à maior dimensão das explorações
Nível de educação	A educação pode promover a adoção de novas tecnologias, aumentando o acesso dos agricultores à informação e a sua capacidade de adaptação a novas oportunidades.
Boas práticas de criação de gado	Baixa aversão ao risco nos agricultores experientes. Os agricultores experientes são mais propensos a adotar novas tecnologias agrícolas.
Utilização de resíduos de culturas	Os agricultores que conservam o feno para alimentação suplementar durante o inverno têm mais potencial para salvar o seu gado da pobreza.
Acesso à água	A inacessibilidade à água tem um efeito negativo na garantia da sobrevivência do gado. Os agricultores com água facilmente acessível têm melhores oportunidades de aumentar a sua produção de gado
Composição da raça	Os agricultores com raças mistas (raças exóticas e autóctones) registam um crescimento positivo da dimensão dos efectivos do que os agricultores com raças autóctones ou exóticas apenas.
Apoio governamental aos factores de produção	Os agricultores investem mais se tiverem recursos à sua disposição

3.2.3 Análise estatística

Os dados recolhidos sobre os parâmetros de produção identificados foram analisados qualitativamente utilizando o SPSS versão 21 (2011) e quantitativamente utilizando o SAS (2009). Os parâmetros de produção (que incluem o tamanho do efetivo, o número de nascimentos e a mortalidade) foram analisados utilizando modelos de regressão que ajustaram independentemente os efeitos fixos da localização (distrito dentro do distrito) e do tipo de esquema de reinstalação (nomeadamente reinstalações A1 e A2). O modelo utilizado é apresentado a seguir:

$$Y_{ikj} = \text{intercept}_i + \text{fixed effect}_k + \text{error}_j \quad (1)$$

Onde

Y_{ikj} representa a variável dependente determinada pelos efeitos ajustados i, j, e k . (As variáveis dependentes incluíam a taxa de parto, a taxa de mortalidade e a dimensão do efetivo)

Efeito fixo $_k$ = o efeito fixo k que inclui o bairro dentro do distrito, OU o tipo de reinstalação

$error_j$ = o efeito aleatório devido ao erro de medição

Este processo foi efectuado para cada uma das caraterísticas de produção (dimensão do efetivo; número de nascimentos; e número de mortos). Foram determinados os mínimos quadrados estimados para todos os efeitos fixos principais.

As estimativas do tamanho do efetivo, do número de nascimentos e de mortes derivadas deste estudo foram comparadas com as estimativas da literatura para determinar as suas diferenças. Sempre que possível, foi efectuado um teste T utilizando os erros padrão derivados (SE). Para atingir os objectivos deste estudo, os dados foram compilados em relação às médias nacionais para as AC e as CdA.

O seguinte modelo de regressão linear multivariada foi utilizado para testar a importância dos factores de sucesso.

$$Y_{ikjm} = intercept_i + fixed\ effect_k + fixed\ effect_j + \ldots\ldots + error_m \qquad (2)$$

onde

Y_{ikjm} representa a variável dependente determinada pelos efeitos ajustados i,j,k a m.

(As variáveis de resposta incluíam a taxa de parto, a taxa de mortalidade e a dimensão do efetivo)

Efeito fixo $_k$ = o efeito fixo k que inclui o primeiro fator de sucesso

Efeito fixo $_j$ = o efeito fixo j que inclui o segundo fator de sucesso

.... = os efeitos fixos que representam outros factores individuais de sucesso.

$error_m$ = o efeito aleatório devido ao erro de medição

Foi utilizado um processo de regressão por etapas para determinar os factores importantes. O valor R^2 (Coeficiente de Determinação) foi utilizado como critério para determinar a adequação do modelo. Um valor R^2 elevado indica um bom modelo com a menor variância residual (erro) e um valor R^2 baixo indica um modelo mal ajustado com uma variância de erro residual elevada.

CAPÍTULO 4

RESULTADOS

4.1 O efeito da enfermaria na produção de bovinos de carne em zonas de repovoamento

O efeito do distrito no tamanho do rebanho, bezerros nascidos e mortalidade é mostrado na tabela 1.8 abaixo. O efeito do distrito foi um fator importante que afectou os parâmetros de produção (i.e. tamanho do rebanho, níveis de parto e mortalidade). Os agricultores da ala 23 em Matobo tinham o maior tamanho médio de rebanho (49,0±11,3) enquanto a ala 10 de Bubi tinha o menor tamanho médio de rebanho de 11,6±8,2 (Tabela 10).

Tabela 9. O efeito do distrito na dimensão do efetivo, número de vitelos nascidos e mortalidade no período 2012/3

Bairro no distrito		n[1]	Tamanho do efetivo	Nascimentos/exploração	Mortes/exploração
			Média ±se[2]	Média ±se	Média ±se
Bubi	10	19	11.6±8.2	5.1±3.1	5.0±1.0
	14	28	32.7±11.3	10.6±8.1	4.9±0.9
Gwanda	21	17	13.1±4.7	16.4±7.8	4.4±1.1
	23	22	15.1±8.0	20.0±1.9	5.4±1.0
Umguza	14	32	38.8±10.2	16.0±7.4	5.0±0.9
	19	18	39.9±16.1	14.9±1.6	4.7±1.0
Matobo	21	32	38.8±10.3	27.7±8.1	3.4±2.1
	23	18	49.0±11.3	22.3±8.1	4.8±1.0
Global			29.8±13.7	16.6±9.6	4.7±1.1

[1] n = Número de observações, [2] Erro padrão da média

Um número elevado de vitelos nasceu no distrito 23 de Matopo com 27.7±8.1 vitelos nascidos durante o período em estudo e menos mortes de 3.4±2.1 animais. O distrito de UMguza, na ala 19, tinha 39,9±16,1 animais por rebanho por ano e por exploração e 14,9±11,6 vitelos por rebanho e por exploração. A melhor classificação do tamanho médio do rebanho entre os distritos foi a ala 23 de Matobo e a ala 19 de UMguza (Tabela 10).

4.2 O efeito do modelo de reinstalação (A1 ou A2) na produção de bovinos de carne nas zonas de reinstalação

Os modelos de reinstalação tiveram um efeito substancial no tamanho do efetivo, nascimentos e mortalidade, sendo o desempenho das povoações A2 superior ao das povoações A1 (Quadro 10).

Tabela 10. O efeito do modelo de reinstalação no distrito sobre o tamanho do efetivo, o número de vitelos nascidos e a mortalidade no período 2012/13.

Distrito	n[1]	Modelo de reinstalação	Tamanho do efetivo	Nascimentos/exploração	Mortes/exploração
Bubi	19	A1	3.8±1.6	2.8±1.2	3.9±1.1
		A2	19.5± 3.1	7.5±3.7	12.0±6.3
	28	A1	17.9±4.1	3.0±0.1	2.4±1.5
		A2	47.5±7.7	18.3±1.7	9.1±1.4
Gwanda	17	A1	8.0±6.7	1.0±3.4	7.0±5.1
		A2	18.1±1.5	3.1±1.8	22.4±8.1
	22	A1	7.5±3.0	10.5±3.6	5.5±6.3
		A2	22.7±1.0	29.5±0.1	16.8±7.1
Umguza	32	A1	27.6±1.6	19.1±11.2	13.7±7.1
		A2	50.1±1.5	13.0±9.7	12.5±4.8
	18	A1	6.6±1.7	8.0±2.7	5.8±1.8
		A2	50.3±1.1	17.0±10.1	5.9±5.5
Matobo	32	A1	23.8±5.6	11.4±1.2	37.4±7.1
		A2	74.3±6.6	33.3±1.8	7.3±1.1
	18	A1	14.7±6.9	5.0±1.3	6.2±2.6
		A2	65.1±1.7	24.7±12.7	8.1±9.1

[1]n = Número de observações

O impacto do modelo de reassentamento foi reconhecido em todas as alas; por exemplo, no distrito de Matobo, os agricultores A2 tinham um número médio de efectivos e de nascimentos mais elevado e uma mortalidade mais baixa do que os agricultores A1. O tamanho do efetivo no distrito de Matobo para o modelo A2 foi de 74,3±6,6 contra 23,8±5,6 nas explorações A1, os nascimentos 33,3±1,8 contra 11,4±1,2 nas explorações A1. 11,4±1,2 nas explorações A1 e mortes de 7,3±1,1 versus 37,4±7,1 nas explorações A1.

4. 4 Análise comparativa dos principais parâmetros de produção em áreas de produção de bovinos de carne em áreas de reassentamento

O quadro 11 mostra a comparação dos principais parâmetros de produção de bovinos de carne nas zonas comunais, nas zonas comerciais e nas zonas de reinstalação

Tabela 11. Análise comparativa dos Parâmetros Chave de Produção (KPPs) em Áreas Comunais (CAs) e Áreas Comerciais (CoA).

Parâmetro	Estimativa±SE	Dados secundários		Significado
		Sistema	Média	
Tamanho do efetivo	29.8±13.7	CA	13	NS
(Animais/exploração/ano)		CoA	507	S
Nascimentos	4.5±2.4	CA	4.6	NS
(Vitelos/exploração/ano)		CoA	22	S
Mortes	4.18±0.3	CA	5.5	NS
(Animais/exploração/ano)		CoA	3.0	S

CA - Áreas Comuns, CoA - Áreas Comerciais, S - Significativo , NS - Não Significativo

Tabela 12. Estimativas padronizadas da literatura em por/centagem para as taxas de natalidade e mortalidade em Áreas Comunais (ACs) e Áreas Comerciais (CoA).

Parâmetro	Estimativa	Dados secundários		Significado
		Sistema	Média	
Taxa de natalidade	44.6%	CA	46%	NS
		CoA	73%	S
Taxa de mortalidade	11.5%	CA	15%	NS
		CoA	2.5%	S

CA - Áreas Comuns, CoA - Áreas Comerciais, S - Significativo, NS - Não Significativo

A análise comparativa das estimativas de produção derivadas deste estudo e as estimativas da literatura são mostradas nas Tabelas 11 e 12. As estimativas de tamanho do rebanho (29,8±13,7) animais/exploração/ano derivadas deste estudo foram diferentes dos 13 animais/exploração/ano para as áreas comunais. No entanto, foi menor do que a média nacional (ou seja, 507 animais/exploração/ano) para explorações comerciais. Este facto deve-se, evidentemente, à dimensão da exploração. As estimativas de nascimentos e mortes obtidas neste estudo foram de 4,5±2,4 vitelos/exploração/ano e 4,18±0,3 animais/exploração/ano, respetivamente. O número de nascimentos foi semelhante aos 4,6 vitelos/exploração/ano registados nas áreas comunais e foi inferior aos 22 vitelos/exploração/ano registados nas explorações comerciais. No entanto, as estimativas padronizadas (ou seja, expressas como uma percentagem de vitelos nascidos por efetivo de 100 vacas) mostram que não houve diferença significativa entre as áreas de reassentamento e as áreas comerciais (ou seja, 46% vs 44,6%). No entanto, houve uma grande diferença de estimativas entre as áreas de reassentamento e as áreas comerciais (ou seja, 44,6% vs 73%) mostrando diferenças na eficiência da produção. As estimativas de mortalidade obtidas neste estudo foram de 11,5% vs 15% para as áreas comunais e 2,5% para as áreas comerciais, como se pode ver no Quadro 13.

4.5 Factores de sucesso da produção de bovinos de carne em zonas de repovoamento

Os factores-chave de sucesso para a produção de gado de carne nas explorações de reinstalação são apresentados no Quadro 13. A posse, a categoria da exploração, a criação de gado, a composição da raça e a educação tiveram um valor de coeficiente de determinação maior ($R^2 = 66,17\%$) do que o Modelo 4 ($R^2 = 66,15$), pelo que têm um efeito significativo na produção de gado nas zonas de reinstalação.

Tabela 13. Factores-chave de sucesso da produção de bovinos de carne nas explorações de reinstalação A1 e A2 no período 2012/13.

Modelo	Factores de sucesso ajustados	R^2
1	Categoria de exploração agrícola	64.51%
2	Posse, categoria de exploração	64.91%
3	Posse, categoria de exploração, educação	65.96%
4	Categoria de exploração, posse, educação, assistência governamental	66.15%
5	Posse, Categoria da exploração, Educação, Criação de gado, Composição da raça	66.17%
6	Categoria da exploração, Posse, Composição da raça, Criação de gado, Resíduos de culturas, Educação	66.11%
7	Categoria de exploração, posse, composição da raça, educação, criação de gado, resíduos de culturas, acesso à água, assistência governamental	65.96%

O modelo 3 e o modelo 7 tiveram um valor R^2 semelhante ($R^2 =65,96\%$), mas o modelo 3 é melhor do que o modelo 7 porque tem menos parâmetros. No modelo 6, os resíduos de culturas não têm um efeito significativo na produtividade do gado. O melhor modelo escolhido foi o modelo 5. Portanto, os factores que afectam o tamanho do efetivo nas explorações A1 e A2 são a categoria da exploração, a posse, a composição da raça, a educação e a criação de gado. A categoria da exploração é a chave, os outros factores têm um aumento marginal nos valores de R^2.

4.6 Correlação entre a dimensão do efetivo e a classe de animais nas explorações A1 e A2 da zona de reinstalação

O quadro 14 mostra as correlações entre a dimensão do efetivo e o número de animais por classe nos programas de reinstalação A1 e A2.

Quadro 14. Correlações (r) entre a dimensão do efetivo e as classes de animais nas explorações A1 e A2 no período 2012/13.

		Pearson's Correlations Coefficient (r)						
District	**Model**	**Bulls**	**Cows**	**Heifers**	**Young Bulls**	**Track Oxen**	**Steers**	**Calves**
Bubi	A1	0.2	0.4	0.6^{**}	0.3	0.6^{*}	0.4	0.5
	A2	0.8	0.7	0.9^{**}	0.3	0.5	0.3	0.5
	A1	0.3	0.7^{**}	0.6	0.8^{*}	0.7^{*}	0.5	0.7
	A2	0.9	0.8	0.7	0.8	0.6	0.9	0.8
Gwanda	A1	0.2	0.3	0.4	0.5	0.4	0.4	0.3
	A2	0.1	0.2	-0.1	0.3	0.4	0.05	0.2
	A1	0.3	0.5	0.5	0.4	0.2	0.2	0.4
	A2	0.4	0.4	0.7^{**}	0.7^{*}	0.6^{*}	0.7^{**}	0.4
UMguza	A1	0.3	0.5	0.3	-0.2	0.06	0.2	0.5
	A2	0.4	0.7^{**}	0.6^{**}	-0.1	0.3	0.7^{**}	0.5^{*}
	A1	0.5	0.3	0.5	0.5	0.5	-0.1	-0.1
	A2	0.5	0.8^{**}	0.7^{**}	0.7^{**}	-0.09	0.9^{**}	0.8^{**}
Matobo	A1	-0.1	0.4	0.2	-0.07	0.6	0.1	0.4
	A2	0.2	0.4	0.4	0.3	0.05	0.4	0.4
	A1	0.3	0.7^{*}	0.6^{*}	0.3	0.6^{*}	0.4	-0.1
	A2	0.5	0.6^{*}	0.4	0	0.3	0.5	0.02

$^{*} < 0.05$, $^{**} < 0.01$

O quadro 14 mostra uma correlação significativa (P<0,05) e fortemente positiva (r=0,6) entre a dimensão do efetivo e o número de novilhas e de bois de rasto mantidos pelos agricultores. A correlação positiva (r=0,7) entre a dimensão do efetivo e o número de bois de rasto nos regimes A1 e A2 mostra que os agricultores reservam os bois de rasto para fins de tração. Uma fraca correlação (r=0,2) entre a dimensão da manada e o número de touros (por exemplo no distrito de Bubi) indica que os agricultores mantêm menos touros por manada. A correlação positiva entre a dimensão da manada e o número de vacas nos regimes A2 (Bubi, uMguza e Matobo) mostra que os agricultores ainda estavam a aumentar a dimensão da sua manada.

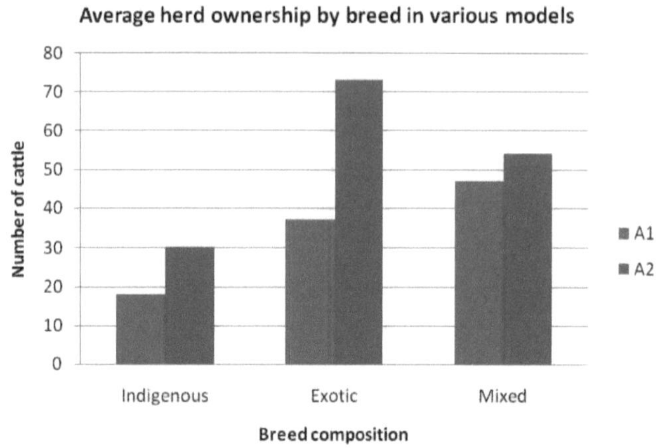

Figura 6. Propriedade média de bovinos de várias raças pelos agricultores A1 e A2 no período 2012/13.

A dimensão média dos efectivos por modelo é apresentada na Figura 6. A maioria dos agricultores dos sistemas A2 possuía mais raças exóticas do que gado indígena. Em média, os sistemas A2 tinham 71 raças exóticas de gado em comparação com 36 em A1. Os agricultores adquiriram gado de agricultores brancos que deixaram suas fazendas durante o programa FTLR.

4.7 Desafios da produção de bovinos de carne em explorações de repovoamento

Os desafios enfrentados pelos agricultores recém-instalados na produção de gado são os seguintes

- Segurança da posse
- Vandalismo em infra-estruturas
- Acesso ao financiamento
- Ausência de registos
- Aumento das importações
- Motivação para o cruzamento

CAPÍTULO 5

DISCUSSÃO

Estudos realizados pela FAO (2012) e Scoones (2010) indicaram uma média de 11±13,71 animais por exploração por ano para os agricultores da área comunal, enquanto o inquérito PRIZE (2013) nas explorações A1 indicou números de efectivos de 6,03±0,23 animais/exploração/ano na maioria dos distritos do Zimbabué. No entanto, neste estudo, o tamanho médio do rebanho obtido foi de 29,8 ± 13,7 animais / fazenda / ano, enquanto o tamanho médio estimado do rebanho para fazendas comerciais foi de 507 animais por fazenda por ano. Com base nos números acima apresentados, é evidente que não existe uma diferença significativa no tamanho dos efectivos entre a área comunal e as áreas de reinstalação A1, mas existe uma diferença significativa entre as áreas de reinstalação e as áreas comerciais. Moyo (2004) indicou as pequenas áreas de terra como o fator limitante para o aumento do tamanho dos rebanhos nas áreas de reassentamento. As grandes diferenças entre as conclusões deste estudo e as dos outros investigadores residem em grande parte nas diferenças nas taxas de parto e nas práticas de criação entre os agricultores das AC e os agricultores das CdA, onde estes últimos mostraram melhores níveis de gestão do que os agricultores das AR e das AC. Isto resultou numa melhor sobrevivência dos animais e, consequentemente, em maiores rebanhos nas áreas comerciais do que nas áreas de reassentamento e comunais.

O número estimado de nascimentos obtido com este estudo foi de 4,5±2,4 vitelos/exploração/ano.

No entanto, o CSO (2011) relatou números de nascimentos de 4,6 bezerros / fazenda / ano em áreas comunais. Por outro lado, foi relatado que a média de nascimentos para as áreas comerciais é de 22 bezerros / fazenda / ano para um rebanho de 30 vacas reprodutoras ou 73% (Mavedzenge *et al.*, 2006, Homman van Rooyen, 2007). As estimativas da literatura para as taxas de parto em áreas comunais são de 46% (Sibanda, 2005; DVS, 2011) contra 44,6% derivados deste estudo. A variação deve-se às diferenças de eficiência de produção entre os dois sistemas de criação. As explorações comerciais dispõem de melhores recursos (isto é, rações para animais, medicamentos), boas práticas de criação e raças de melhor qualidade do que as áreas comunais. Sibanda (2008) relatou que o fornecimento de ração ao gado durante a estação seca tem um impacto significativo na melhoria do índice de condição corporal das vacas e, consequentemente, na melhoria da fertilidade.

Em virtude da maior área de terra, até 1 500 ha (Moyo e Yeros, 2009), os modelos A2 tendem a ter efectivos maiores do que os efectivos individuais das explorações A1. Neste estudo, o tamanho médio dos efectivos foi de 43,5±12,2 nas explorações A2 contra 13,5±1,6 nas explorações A1, enquanto os estudos da literatura indicam uma média de 507 animais/exploração/ano para as explorações comerciais. Embora se observe um melhor maneio nas explorações comerciais, o estudo revelou que a superioridade do desempenho dos animais nas explorações comerciais se deve mais à escala de exploração do que a uma maior eficiência da produção.

Von Braun e Kennedy (1994), Pingali e Rosegrant (1995), Banco Asiático de Desenvolvimento [ADB] (2004), Jaleta *et al.* (2009) e Scoones *et al.* (2010) indicaram que o sucesso na comercialização de gado bovino é medido pela disponibilidade de boas infra-estruturas para o gado, práticas de criação e alimentação suplementar suficiente. As maiores áreas de terra têm uma vantagem adicional, na medida em que proporcionam uma pastagem sustentável e uma maior capacidade de carga.

A posse da terra tornou-se um fator crítico para garantir que os agricultores tenham confiança para investir em activos pecuários e expandir os seus objectivos de produção. Moyo (2007) refere que os direitos de posse podem servir de garantia para os agricultores acederem a empréstimos dos bancos.

Poulton (2005) e Kirstern *et al.*, (2012) relataram as más condições agro-ecológicas, os elevados custos de transação, o fraco acesso a recursos produtivos e a baixa tecnologia como os principais obstáculos à comercialização de gado bovino de pequenos agricultores. Enquanto Scoones *et al.*, (2010) concordam com a má gestão como um dos constrangimentos para o sucesso da produção de gado em áreas de reassentamento. Moyo, (2004) também identificou a falta de conhecimentos especializados em pecuária e a falta de instituições de apoio como alguns dos principais contratempos à produção de gado de carne.

Neste estudo, os factores-chave de sucesso identificados para melhorar a produção de gado bovino de carne nos esquemas de reassentamento A1 e A2 (categoria agrícola, posse, criação de gado, educação e composição da raça) têm um Coeficiente de Determinação (R^2) de 66,17%. Rukuni *et al.*, (2006), Khombe (2008) e Zhou *et al.*, (2013) relataram factores nutricionais, sanitários, pecuários e técnicos como aspectos importantes para o sucesso da comercialização de gado de carne. De acordo com Zhou *et al.* (2013) e Muchara (2010), a produção de gado de carne nas explorações A1 e A2 foi afetada por um planeamento deficiente em termos de provisão adequada de recursos financeiros e institucionais. Além disso, Khombe (2008) e Sibanda (2007) confirmaram que os factores críticos para a produção de gado de carne são a nutrição e a genética, a gestão do rebanho e o controlo de doenças. Neste estudo, o R^2 de 66,17% indicou um modelo de melhor ajuste (que inclui a categoria da exploração, a criação de gado, a educação, a posse e a composição da raça) como os factores de sucesso.

O estudo também revelou que os agricultores do reassentamento possuíam mais raças exóticas do que gado indígena, particularmente nos esquemas A2. A posse de gado que favorecia maioritariamente as raças exóticas foi explicada por Moyo *et al* (2009), que referiu que os antigos agricultores comerciais deixaram algum do gado para os trabalhadores agrícolas, que mais tarde foi adquirido pelos novos colonos. Em comparação com o sector A1, o sector A2 tinha percentagens mais elevadas de agregados familiares que possuíam todas as diferentes raças encontradas nas áreas reinstaladas. Por exemplo, nos sectores A2, verificou-se uma média de 52% de efectivos de raças mistas, em comparação com 48% no sector A1. Estudos efectuados por Moyo (2004) indicaram mais vantagens na criação de gado indígena *(Bos indicus)* do que nas raças exóticas *(Bos taurus)*. Ao longo do tempo, as raças autóctones têm revelado uma melhor eficiência reprodutiva, uma melhor sobrevivência e uma maior tolerância a pragas e doenças. O desempenho reprodutivo superior do gado indígena neste estudo foi consistente com outros estudos de avaliação de raças de bovinos na região (Dioniso e Systrad, 1990; Vilakati, 1990). Enquanto as linhagens exóticas podem ser favoráveis ao acabamento em confinamento e a um maior peso de carcaça, as linhagens autóctones podem ser usadas como progenitores maternos para produzir híbridos de descendência com melhor desempenho no atual sistema de criação em áreas de reassentamento. O pequeno agricultor que tem um sistema de produção com poucos factores de produção beneficiaria da utilização de raças cruzadas entre *Bos taurus* e *Bos indicus* se o objetivo da produção fosse a comercialização. Não haveria qualquer benefício em introduzir raças exóticas até que o nível de gestão e nutrição tenha sido melhorado. No entanto, a escolha final da raça dependerá do maneio e dos sistemas de alimentação. É importante lembrar sempre que o objetivo principal de uma exploração agrícola é melhorar a rentabilidade.

5.1 Desafios para melhorar a produção de carne de bovino nas zonas de reinstalação A1 e A2

Os desafios identificados durante o curso da investigação sobre a produção de gado bovino nas explorações A1 e A2 do reassentamento foram os seguintes

i) Segurança da posse:

ii) Financiamento a longo prazo:

iii)Aumento das importações:

iv)Motivação dos agricultores para se dedicarem ao cruzamento de raças:

v) O desmantelamento das vedações e a redução da dimensão das explorações agrícolas comprometeram a capacidade dos criadores de gerir efectivos de um só reprodutor:

5.1.1 Segurança da posse

Os direitos de propriedade baseados no Estado não podem ser utilizados como garantia. Neste contexto, os agricultores A1 e A2 enfrentam desafios em termos de melhoramento, desenvolvimento e utilização das terras no atual cenário de direitos de posse. Esta insegurança quanto à propriedade da terra resultou em incerteza quanto ao seu desenvolvimento e utilização.

5.1.2. Acesso ao financiamento

O acesso a fundos de bancos e instituições financeiras é um grande constrangimento. Os agricultores referiram que as instituições financeiras não reconhecem as suas explorações/parcelas como garantia, uma vez que estão instaladas em terras do Estado. A falta de financiamento tem diminuído o espírito de comercialização. Os criadores de gado que se instalaram em propriedades cujas infra-estruturas foram vandalizadas têm tido dificuldade em reabilitar as infra-estruturas com as suas poupanças. Sukume (2004) argumenta que a alguns beneficiários das explorações A2 foram atribuídas pequenas parcelas (de cerca de 50 hectares) de terra que não justificam financiamento, uma vez que a extensão da produção pode ser insignificante. As dimensões das terras atribuídas a algumas explorações A2 são inferiores ao limiar prescrito para uma comercialização séria de gado bovino. Este argumento corresponde ao resultado do estudo, segundo o qual a dimensão da terra tem um efeito significativo no sucesso da produtividade do gado de carne.

5.1.3 Importações de carne

A importação de carne branca tem um efeito direto no consumo de carne de bovino. Os agricultores citaram desafios nos preços do gado bovino contra a carne branca importada (frango) da África do Sul e do Brasil. A carne branca barata no mercado desviou a preferência dos consumidores da carne vermelha (carne de vaca) para o frango. Muchara (2010) relatou uma mudança de 40% do consumo de carne vermelha para o consumo de carne branca (frango) durante o período de 2008 - 2011). Ele relata ainda que alguns compradores não participam nos leilões por receio de serem rotulados como apoiantes da reforma agrária. Isto faz com que poucos bovinos sejam vendidos em leilões públicos.

5.1.4 Cruzamento de bovinos

Os agricultores parecem não ter o gosto de se empenharem no cruzamento de animais (*Bos indicus x Bos taurus)* que tem o efeito de melhorar tanto a adaptabilidade (sobrevivência) como o desempenho (Khombe, 2008). Por acaso, os agricultores beneficiam de 'touros comunitários' que, na maioria das vezes, servem um grande número de vacas reprodutoras dentro da comunidade. O uso consistente do mesmo touro ao longo dos anos resulta em consanguinidade e, consequentemente, em animais de baixa qualidade. Embora o gado indígena tenha algumas vantagens (como a dureza), não tem um bom desempenho nos leilões públicos quando é avaliado em comparação com as caraterísticas de classificação da carne das raças cruzadas ou exóticas (como o índice de carne, o comprimento da carcaça, a cobertura de gordura) (Swanepoel *et al.,* 1992). Como resultado, a colheita de animais mantida pela maioria dos agricultores A1 e alguns A2 é de má qualidade no mercado. Por outras palavras, o rendimento por kg é inferior ao das raças cruzadas e das raças exóticas. No entanto, devido às suas múltiplas funções, os agricultores A1 e A2 reinstalados continuam a manter a linha de sangue indígena.

5.1.5 Vandalismo em infra-estruturas

A existência de vedações, valas e instalações de maneio partidas tornou-se uma preocupação para a criação eficiente de gado de carne nas explorações reinstaladas. Moyo e Yeros (2009) e Cousins e Scoones (2009) referiram a grave degradação das infra-estruturas pecuárias devido à frustração dos antigos agricultores comerciais brancos após a expulsão das suas propriedades na sequência do programa FTLR. Como resultado das vedações partidas, é difícil conter o gado nos cercados pré-existentes. A destruição das instalações de maneio e dos tanques de imersão dificultou a execução das práticas de criação pelos agricultores. Von Braun e Kennedy (1994), Pingali e Rosegrant (1995), Banco Asiático de Desenvolvimento [ADB] (2004) citaram a criação de animais, boas infra-estruturas (instalações de maneio do gado), serviços de extensão sólidos e nutrição adequada como ingredientes necessários para a comercialização do gado pelos pequenos agricultores. Os mesmos factores foram referidos por Zhou *et al.*, (2013), onde ele argumenta que o "ambiente propício à agricultura comercial dos pequenos agricultores" tem a ver com um elevado investimento em insumos, formação, infra-estruturas adequadas de manuseamento de gado e ligações de mercado.

5.2 Limitações do estudo

A informação obtida neste estudo baseou-se no que os agricultores se lembravam no período em questão. Houve uma grande imprecisão no fornecimento de informações, uma vez que os agricultores não se basearam em registos. As especulações dos agricultores acrescentaram margens de erro, particularmente nas estimativas do tamanho do efetivo. A contribuição dos agricultores baseou-se, por vezes, no facto de que seriam recompensados após o inquérito, pelo que poderiam ter fornecido informações inexactas sobre os números de nascimentos e de mortes, na expetativa de receberem donativos ou assistência. Neste cenário, os números de mortes poderiam ter sido inflacionados e os números de nascimentos grosseiramente subestimados. Isto é evidente nas inconsistências obtidas nos dados da ala 23 do distrito de Matobo. Os criadores da 'terceira parte' estavam relutantes em divulgar informação sobre os números actuais do tamanho dos rebanhos e dos índices reprodutivos porque não eram donos dos animais. Alguns agricultores não estavam dispostos a fornecer informações por receio de que as suas explorações fossem readquiridas (ou expulsas das suas explorações/parcelas) se não reflectissem os esforços de utilização sustentável.

A natureza dos dados exigiu um software estatístico para a análise quantitativa. O SPSS versão 21 apresentava algumas deficiências na estimativa exacta dos coeficientes de máxima verosimilhança para os parâmetros reprodutivos medidos. Por conseguinte, a análise foi complementada com a utilização do Statistical Application Systems (SAS).

CAPÍTULO 6

CONCLUSÃO E RECOMENDAÇÕES

6.1. Conclusão

A melhoria da competitividade do sector da carne de bovino no Zimbabué exigirá que os agricultores tenham acesso à preservação da base de activos pecuários, através do desenvolvimento de uma boa capacidade de gestão do gado e de insumos adequados para alcançar uma maior produtividade. Isto inclui a obtenção de taxas de parto mais elevadas, a redução da idade do primeiro parto, a redução dos intervalos entre partos, o reforço da utilização de genética superior e a redução das taxas de mortalidade. O estudo revelou que uma boa gestão do gado, boas raças, posse, categoria agrícola (modelos A1 ou A2) e educação são factores-chave de sucesso para a produção de gado nas explorações de reassentamento A1 e A2. As taxas de natalidade elevadas e as taxas de mortalidade baixas foram registadas nos esquemas A2, que tinham relativamente melhor acesso à extensão e uma área de pastagem maior do que os esquemas A1 aldeados. Não houve diferença significativa na taxa de parto entre as áreas de reassentamento e as áreas comunais (ou seja, 46% versus 44,6%). No entanto, houve uma grande diferença nas estimativas da taxa de parto entre as áreas de reassentamento e as áreas comerciais (ou seja, 44,6% versus 73%), mostrando diferenças na eficiência da produção. Também existia uma grande diferença na dimensão dos efectivos entre as zonas de reinstalação e as zonas comerciais (ou seja, 29±13 versus 507) animais por exploração e por ano.

Por conseguinte, argumenta-se que a superioridade das explorações comerciais se deve apenas à escala e não necessariamente a uma maior eficiência da produção. Por conseguinte, não há provas de que os agricultores reinstalados no seu estado atual possam comercializar. Embora possa não ser viável aumentar a área de exploração dos agricultores reassentados, uma melhor intensificação da produção de gado pode resultar em maiores retornos. As opções disponíveis podem ser o confinamento ou a compra e acabamento de novilhos de engorda. Os factores que afectam a produção de carne de bovino nas áreas de reassentamento A1 e A2 podem ser amplamente categorizados em factores de nutrição, extensão, genética do gado e política de posse.

6.2 Recomendações

O estudo recomenda uma série de intervenções que ajudarão a criar um ambiente favorável à comercialização de gado de carne nas explorações A1 e A2. Com base nos resultados obtidos no estudo, é evidente que a comercialização de gado bovino de carne nas áreas de reassentamento requer iniciativas de intervenção política para resolver questões de tamanho das explorações agrícolas nas províncias de Matabeleland, uma vez que as áreas maiores nas explorações A2 mostraram uma melhoria positiva tanto no número de efectivos como no número de vitelos nascidos durante o período de estudo. É necessário criar valor através de uma lei sobre a posse da terra que permita aos agricultores contrair empréstimos contra a terra que ocupam. A maioria dos agricultores nas explorações de reassentamento são cépticos quanto à melhoria da sua produção devido à insegurança da posse da terra. No entanto, o arrendamento por 99 anos, se for apoiado por documentos oficiais, pode reforçar a segurança dos pequenos agricultores para investirem nas suas propriedades. O estudo também recomenda que a proibição da exportação de animais vivos pode ser um incentivo para os pequenos agricultores nas explorações de reinstalação, uma vez que irá melhorar os preços e os mercados locais de gado. Os bovinos autóctones que se revelaram resistentes (como indicado pelo baixo número de mortes) podem ser conservados e melhorados através de cruzamentos para aumentar o seu valor em termos de massa para abate. Os parâmetros identificados (criação de gado, posse, extensão, composição da raça, alimentação suplementar e disponibilidade de água) que têm influência na produtividade do gado devem ser maximizados para aumentar a sobrevivência do gado nas áreas de reassentamento. Por isso, a investigação futura deve explorar as oportunidades de maximizar estes parâmetros (factores de sucesso) para permitir a comercialização bem sucedida de gado de carne nas explorações reassentadas.

REFERÊNCIAS

Adams, M., Sibanda, S. e Turner, S. (1999) **Land tenure reform and rural livelihood in Southern Africa,** Overseas Development Institute, África do Sul

Relatório Anual (2010 / 2011) **Produção Animal**, Departamento de Pecuária e Produção (LPD), Bulawayo, Zimbabué

Anseewu, W. e Mathebula, N. (2008) **Evaluating land reform's contribution to South Africa's pro-poor growth pattern**, CIRAD Research, Post graduate school for agriculture and rural development, University of Pretoria, South Africa.

Banco Asiático de Desenvolvimento (2004) **Commercialization and poverty reduction: ADB Briefing,** No 10- Um resumo do trabalho de investigação do projeto Making Markets work better for the poor (MMW4P), ADB, Vietname

Barret, J. C., (1991) **Valuing animal draught in agro-pastoral farming system in Zimbabwe.** In: *Tillage, past and future,* Proceding of a workshop held at the Institute of Agricultural Engineering, Hatcliffe, Harare, Zimbabwe on 14 and 15 , November 1989, CIMMYT FSR Networkshop Report 22

Barret, J.C. (2008) **Socio-economic importance of cattle in communal areas**, Harare, Zimbabwe

Biacuana, G. e Mulemba, N. (2009) **Agriculture: Future Scenarios for Southern Africa, Instituto Internacional para o Desenvolvimento Sustentável**, África do Sul

Bratton, M., (1994) **Land Distribution, 1980 - 1990** *In: Zimbabwe Agricultural revolution, Ed. Mandivamba, R e Eicher, C,* Publicações da Universidade do Zimbabué, Harare, Zimbabué

Cattle producers Association (CPA) (1998) **Beef production Manual**. Commercial Farmers Union (Publishers), Harare, Zimbabué.

Relatório do Gabinete Central de Estatísticas (CSO, 2002; 2003; 2005; 2007) **(Tendências da distribuição do gado na província de Matabeleland)**, CSO, Zimbabué

Cheater, A., (1984) **Idioms of accumulation: rural development and class formation among freeholders in Zimbabwe**, Mambo Press, Gweru, Zimbabwe

Chimonyo, M., Kusina, N.T., Hamudikuwanda, H. e Nyoni, O., 1999. **Um inquérito sobre o uso da terra e a utilização de gado para tração numa área agrícola de pequenos agricultores de Zimbabué.** Jornal de Ciências Aplicadas 2:111-121

Cliffe et al., (2011) **Cattle production in smallholder producers**: *Em Rukuni M. e Eicher E.K. (eds), Zimbabwe's agricultural revolution,* University of Zimbabwe Publications, Harare, Zimbabwe

Commercial Farmers' Union, (1991) **Proposals for Land Reform for Zimbabwe**, Harare, CFU

Cottula, L., Toulimin, C. e Quan, J., (2006) **Policies and Practices for Securing and Improving Access to Land:** *International Conference on Agrarian Reform and rural Development* (ICARRD) , Issue No. 6, FAO

Cousins, B., (2002) **Controversy and consensus in South Africa's land reform programme (Controvérsia e consenso no programa de reforma agrária da África do Sul)**. Documento apresentado no World Bank Regional Workshop on Land Issues in Africa, realizado de 29 de abril a 2 de maio de 2002 em Kampala, Uganda

Cousins, B. e Scoones, I., (2009). **'Contested paradigms of viability in redistributive land reform: perspectives from South Africa'**. *Documento de trabalho para o projeto Livelihoods After Land Reform.* Instituto de Estudos de Desenvolvimento, Reino Unido e PLAAS, África do Sul.

Costales, P. (2008/10) Adjustments in Agro-processing Industry and RP -US FTA, Angelo King

Institute, United State of America.

Creswell, J.W., (1994) **Research Design: Qualitative and Quantitative Approaches**, Thousand Oaks, CA, Sage

Delgado et al., (1999) **Accounting for intensive livestock production**, Journal Articles for Crop - Livestock Integration, Vol 2

Denzin, N. e Lincoln, Y.S., (2008) **The Landscape of qualitative Research**, 3rd ed, Boston, Ally and Bacon, Reino Unido

Relatório do Departamento de Serviços Veterinários (2011) Departamento de Pecuária e Veterinária: **Análise da produção pecuária: Distribuição do gado por sector**, Raylton, Bulawayo, Zimbabué

Deinninger,K., Hoogeveen, H. e Kinsey, B., (2000) **Benefits and costs of land reform in Zimbabwe with implications from Southern Africa**.

Dioniso, A.C. e Systrad, O., (1990) **Beef cattle breed evaluation,** Journal of Animal Science, Vol 2,849 -859.

Dovie, D.B.K., Shackleton, C.M. e Witkowski, E.T.F., (2006). **Valuation of communal area livestock benefits, rural livelihoods and related policy issues.** Land Use Policy 23: 260-271

Doward et al., (2010) **Modeling pro-poor Agriculture growth strategies in Malawi: Lesson for policy and analysis**, Center for Development Research, Washington DC, USA

FAO (2007) **Industrial Livestock Production Initiative-** Pro poor Livestock policy Research report, Bloomerberg, USA

FAO (2012) **Relatório sobre as cadeias de valor do gado na África Oriental e Austral**: Uma perspetiva regional, Oitava Sessão do Comité de Segurança Alimentar e Desenvolvimento Sustentável, Adis Abeba, Etiópia

Gapare, R.L., (2008) "**Communal Farmer Constraints and Objectives in Livestock Production**" in Proceedings of the Workshop on Livestock Research and Extension for Communal Area farming Systems held at Henderson Research Station 16-18 February 1988. Departamento de Investigação e Serviços Especializados, Zimbabué. Harare.

Gono, G., (2005) **Zimbabwe CASINO economy**; Extraordinary measures for extraordinary challenges, RBZ, Zimbabwe

GoZ (2001/2) **Reports on Land Ressettlement Programmes**, Harare, Zimbabué

Gunning, J.W., Hoddinott, J., Kinsey, B. e Owen, T., (2000) **Revisiting forever gained: Income dynamics in the resettlement areas of Zimbabwe**, Journal of Development Studies, 36, vol 6:131

Hagreaves, S.K, Bruce,D.,and Beffa,M.L (2004) **Disaster mitigation options for livestock production in communal farming system in Zimbabwe**, Box 776, Bulawayo, Zimbabwe

Hall, S.J.G., (1998) "**Traditional Livestock in Semi-Arid North Eastern Zimbabwe**: Mashona Cattle", *Livestock Research for Rural Development,* 10 (1).

Hazell, P., Dorward, A., Poulton, C., e Wiggins, S., (2007) **The Future of Small Farms for Poverty Reduction and Growth,** 2020 Discussion Paper, no. 42, IFPRI, Washington D.C

Heckathorn, D.D., (1997). "**Respondent-Driven Sampling: A New Approach to the Study of Hidden Populations" [Uma nova abordagem ao estudo de populações ocultas].** *Social Problems.* 44: 174-199

Heckathorn, D.D., (2002). "**Respondent-Driven Sampling II: Deriving Valid Estimates from Chain-Referral Samples of Hidden Populations" [Amostragem orientada pelo inquirido II: Obtenção de estimativas válidas a partir de amostras de referência em cadeia de populações ocultas**]. *Social Problems.* 49: 11-34

Heffernan, C., Misturelli, F., Nielsen, L. e Pilling, D., (2003), **The Livestock and Poverty Assessment Methodology: A Toolkit for Practitioners**, Reading, UK: Livestock Development Group, School of Agriculture, Policy and Development, University of Reading.

Herbest, J., (1990) **State of politics in Zimbabwe**, Harare e Los Angeles, University of Zimbabwe e University of Calfornia Press

Hoffmann, J., (2004). "Greening the Namibian Desert: Uma história de sucesso em África". Instituto Sul-Africano de Assuntos Internacionais. In :

http://www.state.gov/r/pa/ei/bgn/5472.htm Acedido em 07 de dezembro de 2011

Homman van Rooyen et al., (2007) **Communal Cattle production in Zimbabwe**: A review, Departamento de Investigação e Serviços Especializados, Estação de Investigação de Matopos, P Bag 5137, Bulawayo, Zimbabué

FIDA, (2001) **Rural Poverty Report:** Em Edward Lahhiff, p. 11

IFAD, (2003) **Promoting Market Access for the Rural Poor in Order to Achieve the Millennium Development Goals.** Documento de discussão no âmbito da conferência do FIDA. Roma, Itáliahttp://www.ifad.org/gbdocs/gc/26/e/markets.pdf (Acedido a 4 de março de 2011)

ILRI, (2002) **Policies for Livestock Development in the Ethiopian Highlands (Políticas para o desenvolvimento da pecuária nas terras altas da Etiópia)**: Em Strategies for sustainable land management in the east African highlands, Washington, Reino Unido.

Jaleta *et al.,* (2009) **Crop-Livestock Interactions in Smallholders' Market Participation: Evidence from Crop-Livestock Mixed Systems in Ethiopia**, *documento apresentado na 3ª Conferência Conjunta da Associação Africana de Economistas Agrícolas (AAAE) e da 48ª Conferência da Associação de Economistas Agrícolas da África do Sul (AEASA),* Cabo

Town, África do Sul, 19-23 de setembro de 2010.

Kepe, T. e Cousins, B., (2002) **Radical Land Reform is Key to Sustainable Development in South Africa,** Policy Brief, no.3 PLAAS, África do Sul

Kinsely, B., (1998) **Allowing land reform to work in Southern Africa: A long term perspective on rural restructuring in Zimbabwe**. Documento apresentado na International Conference on Land Tenure in the Developing World. Universidade da Cidade do Cabo, África do Sul.

Kinsely, B., (1998) **'Land Reform, growth and equity: emerging evidence from Zimbabwe's resettlement programme -** a sequel' Journal of Southern African Studies, vol 27, no.1:127-136

Khombe, C.T., (2008) **Commercialization of Beef Cattle Production in the Post land Reform**. Em *The livestock Setor after the Fast track land Reforms in Zimbabwe. Ed. CT Khombe e LR Ndlovu*, Instituto de Tecnologias Rurais, Bulawayo, Zimbabué

Kruger, B. e Lammerts-Imbuwa, L. (2005) **Livestock marketing in Namibia, Training Manual**, Namibia National Farmers Union

Relatório do Departamento de Pecuária (2012) **Zimbabwe livestock for accelerated recovery and improved resiliency,** USAID, Zimbabué

Louw , K. (2008) **Factores que afectam o nível de comercialização entre os criadores de gado nas zonas pastoris do Uganda**, Universidade de Makerere, Uganda

Mantondi, B. e Manyukwi-Hungwe, M.N., (2004) **The evolution of Agriculture Policy:1990-2004** *In Zimbabwe Agricultural Revolution Revisited, Ed Rukuni,M. Tawonezvi, P. e Eicher,C. Hungwe,M.M. e Matondi,* University of Zimbabwe Publications, Harare, Zimbabwea

Masunda, B. e Mtetwa, L.R. (2007) **Beef production in the post land reform period: An analysis of some success factors.** Em *The livestock Setor after the Fast track land Reforms in Zimbabwe. Ed. CT Khombe e LR Ndlovu*, Instituto de Tecnologias Rurais, Bulawayo, Zimbabué

Matowanyika, Z.J., (1998) **Land and the pursuit of sustainable development pathways for southern africa: an overview**, Paper prepared for the workshop on land rights and Sustainable development in sub-saharan africa:Lessons and ways forward in land tenure policy, hosted by the Department for international development (DFID), Government of the United Kingdom, Sunningdale Park , Conference Centre, Berkshire, England, 16-19 February 1999

Mavedzenge, B.Z., Mahenehene, J., Murimbarimba, F.,Scoones, I e Wolmer, W., (2006) **Changes in the livestock sector in Zimbabwe following land reform,** Harare Zimbabwe

Ministério das Terras e dos Repovoamentos Rurais (2012) **A report on fast track A1 and A2 Models**, Ministério das Terras e dos Repovoamentos, Harare, Zimbabué

Moyo, S., Chambati, W., Murisa, T., Siziba, D., Dangwa, C., Mujeyi, K. e Nyoni, N., (2009) **Fast Track Land reform Baseline Survey in Zimbabwe**: Trends and Tendencies, African Institute of Agrarian Studies, (AIAS), Harare , Zimbabwe

Moyo, S., (2006) **Overall Impacts of the Fast Track Land Reform Programme**: *Review of the Agricultural Setor Following the Implementation of the Land Reform Programme*, Instituto Africano de Estudos Agrários, Harare, Zimbabué

Moyo, S., (2005): **Review of the Agricultural Setor Following the Implementation of the Land Reform Programme**, Instituto Africano de Estudos Agrários, Harare, Zimbabué

Moyo, S. e Yeros, P., (2009). **Zimbabwe ten years on: results and prospects'**. *Documento de trabalho para o projeto Livelihoods After Land Reform.* Instituto de Estudos de Desenvolvimento, Reino Unido e PLAAS, África do Sul

Moyo, S., (2004). '**Farm Sizes, Decongestion and Land Use:** Implications of the FastTrack Land Redistribution Programme in Zimbabwe'. *Série de Monografias da AIAS,* Edição Nº 2/2004

Muchara, B., (2010) **Implications of the Fast Track Land Reform Programme on Markets and Market Relationships for Livestock, Cotton and Maize Products in Mwenezi District of Zimbabwe**, Universidade de Fort hare, África do Sul

Mugabe, P. e Moyo, M.T., (2008) **Strategic management and Development of Grazing and Water Resources in Resettlement Areas**. Em *The livestock Setor after the Fast track land Reforms in Zimbabwe. Ed. CT Khombe e LR Ndlovu,* Instituto de Tecnologias Rurais, Bulawayo, Zimbabué

Muir, K., (1994) **Agriculture in Zimbabwe**. *In: Zimbabwe Agricultural Revolution, Ed. Mandivamba, R e Eicher, C,* Publicações da Universidade do Zimbabué

Muir, K. e Blackie, M.J., (1994) **The Commercialization of Agriculture** *In: Revolução Agrícola do Zimbabué, Ed. Mandivamba, R e Eicher, C,* Publicações da Universidade do Zimbabué

Mulemba, H. (2009) **The livestock sector in Zambia and rising food prices**, Instituto Internacional de Desenvolvimento Sustentável, Lusaka, Zâmbia

Ndlovu, L.R., (1994**) Livestock Research and Development:** *Em Rukuni M. e Eicher E.K. (eds), Zimbabwe's agricultural revolution,* **University of Zimbabwe Publications, Harare**

Ndiweni N.B., (2008) **Developments in commercial Pig Production in the Post-Land Reform Period.** Em *The livestock Setor after the Fast track land Reforms in Zimbabwe. Ed. CTKhombe eLR Ndlovu,* Instituto de Tecnologias Rurais, Bulawayo, Zimbabué

Pender, J., Place, F. e Ehui, S., (2006) **Strategies for sustainable land management in the East African Highlands**, Washington, EUA

Perry, B., Nin Pratt, A., Sones, K. e Stevens, C., (2002) '**An Appropriate Level of Risk**: Balancing the Need for Safe Livestock Products with Fair Market Access for the Poor', *PPLPI Working Paper,* 23, Roma: FAO.

Pingali, P., Khwaja Y., Rosegrant, T. Meijer, M., (2005) **Commercializing small farmers**: Reduzir os custos de transação. Documento de trabalho FAO/ESA n.º 05-08. Organização das Nações Unidas para a Alimentação e a Agricultura, Roma, Itália.

Pinstrup-Andersen et al., (1997) **Livestock commercialization policy**, International Food Policy Research Institute, Washington D.C

Poulton, C., Dorward, A. e Kydd, J., (2005) **The future of small Farms: New diretions for services, Institutions and Intermediations,** "Paper presented at the Future of Small farms": A research workshop, junho de 2005, Withersdone Conference Centre, Wye, Reino Unido.

PRIZE (2011) **Relatório do estudo de base** USAID, Harare, Zimbabué

Richardson, P. (2005) **Land tenure rights framework in Southern Africa**, Relatório da USAID

Rihoy, L.(**1998) Natural resource tenure in Southern Africa**: An overview of key issues and policy options for communal areas in southern Africa. Documento não publicado.

Roets, M e Kirsten, J.F (2005) **Commercialisation of goat production in South Africa**, Journal of Small Ruminant Production, Vol 60, Issue 1-2 pp187-196

Royse, D., (1991) **Research methods in social work**, Nelson hall, Chicago

Ruddman, B. (2005) **Per Capita Beef cattle production**: Structures and trends, Washington D.C, UK

Rukuni, M. e Eicher, C.K., (1986) **Zimbabwe Agricultural Revolution**, University of Zimbabwe Publications, Harare, Zimbabwe

Rukuni, M. e Eicher, C.K., (1994) **Zimbabwe Agricultural Revolution**, University of Zimbabwe Publications, Harare, Zimbabwe

Rukuni, M. and Eicher, C.K., Tawonezvi, P., Hungwe, M.M., Matondi, P., (2006) **Zimbabwe Agricultural Revolution Revisited**, University of Zimbabwe Publications, Harare, Zimbabwe

Scoones, I.; Maraongwe, N.; Mavedzenge, J.M.; Murimbarimba, F. e Sukume, C., (2010) **Zimbabwe's Land Reform: Myths and Realities**, Weaver Press, Avondale, Harare, Zimbabué.

Scoones, I., (1992). **The economic value of livestock in the communal areas of southern Zimbabwe".** *Agricultural Systems,* 39: 339-59.

Scoones, I., Mavedzenge, B., Mudziwo, C., Murimbarimba, F. e Wolmer, W., (1998).

'Drought contingency planning and livestock in Southern Zimbabwe: Case Studies from Chivi and Chiredzi Districts'. Relatório não publicado.

Scoones, I., Mavedzenge, B., Mudziwo, C., Murimbarimba, F. e Wolmer, W., (2001).

'Planeamento de contingência de secas e gado no Sul do Zimbabué: Estudos de caso dos Distritos de Chivi e Chiredzi'. In: J. Morton (ed.). *Drought Contingency Planning and Livestock in Africa.* Chatham: NR International.

Scoones, I and Wilson, K., (1989) **Households, Lineage Groups and Ecological Dynamics**: "Issues for Livestock Development in Zimbabwe Communal Lands" People , Land and Livestock, B Cousins (ed) Harare , University of Zimbabwe.

Scoones, I and Wilson, W (1988) **Coping with drought**; Responses of herders and livestock in contrasting savanna environments in southern Zimbabwe, Journal of Human Ecology, Vol 20, Issue 3, pp293 -314

Sibanda, R., (2005) **Key issues and trends in the Livestock Setor** - A case study for Zimbabwe. Estudo documental apresentado ao ICRISAT e ILRI, P.O Box 776, Bulawayo, Zimbabué

Sibanda, R., (2008) **"Market access policy options for FMD-challenged Zimbabwe: a rethink"**. Trans-boundary animal disease and market access: future options for beef industry in southern Africa, Documento de trabalho 6, Brighton: Centro STEPS, Instituto de Estudos de Desenvolvimento

Sibanda, R., (2008) **Beef cattle production and the ongoing programmes to develop the national**

herd. Em The Livestock sector after the fast Track Land Reforms in Zimbabwe, Bulawayo, Zimbabué

Simela, L., Montshwe, B.D., Mahanjana, A.M., Tshuwa, M.P., (2006) **The livestock production environment in the South African smallholder sector.** Novos desafios para as indústrias de ciência animal. Resumo do 41° Congresso da SASAS p.66

Steinfield, H. (1988) **Livestock development in mixed farming systems**, Doppler, W(ed). Farming systems and Resources Economics in the Tropics, 3

Sukume, C. (2004) **Report of the presidential land review committee**, GoZ, Harare, Zimbabwe

Swanepoel, F.J.C., Seifert, G.W. and Lubout, P.C., (1992) **Animal Breeding and Genetics** 10th ed Australia. Association. North Rockhampton, Austrália.

Tawonezvi, H., (2003) **Agriculture Research Policy** in ***Zimbabwe Agricultural Revolution,*** *Eds. Mandivamba, R e C.K. Eicher* , University of Zimbabwe Publications, Harare, Zimbabué

Tawonezvi, H., (2005) **Agriculture Research Policy** in ***Zimbabwe Agricultural Revolution,*** *Eds. Mandivamba, R e C.K. Eicher* , University of Zimbabwe Publications, Harare, Zimbabué

Timan, M.O., Makenzi, P.M., Laltaika, E., Ubwani, Z., (2004). **Sistema de produção pecuária no Botsuana:** O chamado "modelo do Botsuana" - Privatização dos bens comuns, um comércio ou uma armadilha. Relatório de uma visita de estudo ao Botsuana, organizada pela Tanzania pastoralists and Hunter-Gatherers Organization (TAPHGO). pp. 18-28.

Utete, M.B., (2003) Relatório da Comissão de Terras de Utete, GoZ, Harare, Zimbabué

The economic value of livestock in the communal areas of southern Zimbabwe, Journal of Agricultural Systems, vol.39, no.339-59

Vilakati, D.D., (1990) **Beef cattle breeds**, Ministério da Agricultura e Cooperativas, Mbabane, Suazilândia

Vincent, V. e Thomas, R.G., (1972) **Agro-ecological survey of Southern Rhodesia: Natural regions and areas and related farming systems,** Ministério Federal da Agricultura, Rodésia do Sul

von Braun, J., Kennedy, E., (1994) **Agricultural commercialization, economic development and nutrition,** IFPRI, Johns Hopkins University Press, Baltimore Maryland

Ward, A. e Mathebula, N., (2008) **Land Reform and Development: Avaliando o Programa de Restituição e Redistribuição da África do Sul**, Escola de Pós-Graduação em Agricultura e Desenvolvimento Rural, Preotria 0002, África do Sul

Banco Mundial, (2003, 2005, 2006) **Agriculture Growth and Land Reform in Zimbabwe: Assessment and Recovery Options,** Relatório n.º 31699-ZW.Banco Mundial

Relatório do Programa Alimentar Mundial (PAM/FAO), (2002) **Food Security Mission Assessment**, Departamento de Desenvolvimento Económico e Social

ZIM-STAT (2006/2008) **Livestock statistics report**, Harare, Zimbabué

ZIMVAC (2012) **Relatório do Comité de Avaliação da Vulnerabilidade do Zimbabué**, Hatcliffe, Harare, Zimbabué

Zhou et al., (2013) **Comercialização da agricultura de pequenos agricultores para o crescimento do rendimento e a redução da pobreza na África Austral**: A review, African Journal of Agriculture Research, Vol 8 (22) pp 2599 -2608

Zhou, S (2014) **Sustainable livestock commercialization** model (Unpublished) Paper presented in Livestock Production Symposium, Livestock Symposium -24-27 March 2014, Gwanda, Zimbabwe

APÊNDICES

Apêndice 1: Questionário

QUESTIONÁRIO: ENTREVISTA CONFIDENCIAL COM O AGRICULTOR

O meu nome é Boat Sibanda. Sou estudante na Universidade Estatal de Lupane (LSU). Estou a realizar uma pesquisa de Mestrado em Filosofia (MPhil.) sobre a comercialização de carne de vaca em áreas reassentadas. O meu tema de investigação é:

Investigar os factores que determinam a capacidade dos ex-agricultores de zonas comunais para se dedicarem a uma criação de bovinos viável e orientada para o mercado (comercial|): Um estudo de caso de agricultores de áreas comunais que foram reinstalados em explorações comerciais durante o período (FTLR) nos distritos de Matobo, Gwanda, uMguza e Bubi da Província de Matabeleland South no Zimbabué.

Por favor, preencha este questionário. As suas respostas serão tratadas confidencialmente e serão utilizadas apenas neste estudo.

SECÇÃO A1: INFORMAÇÕES SOBRE O AGRICULTOR

NB. Nos casos em que são assinaladas caixas para cada pergunta, assinalar a caixa correspondente. O espaço para escrever qualquer observação é fornecido por baixo de cada pergunta

Nome do Recenseador: .... Data da entrevista: ....

Local da entrevista ....

Nome do inquirido: ....

SECÇÃO A2: SÍTIO E LOCALIZAÇÃO

1.1	**Nome do distrito**	
1.2	**Nome e número da ala**	
1.3	**Nome da aldeia**	
1.4	**Número de agregados familiares**	
1.5	**Número da parcela**	

SECÇÃO A3: BIOGRAFIA DO ENTREVISTADO

1. Sexo: Masculino☐ Feminino☐ *(macho-1, fêmea-2)*

2. Idade: 18 - 25☐ 26 - 33☐ 34 - 41☐☐

Não sabe:

(18-25 -1, 26-33 -2, 34-41 -3, +41 -4, não sabe - 5)

3. Estado civil:

☐

☐

☐

Viúva / ☐

(Casado-1, solteiro -2, divorciado-3, viúvo/ed -3)

4. Nível de educação:

Sem ☐

primário ☐

secundário ☐

Formação ☐

☐

Não ☐

(Sem instrução - 1, Ensino primário - 2, Ensino secundário - 3, Ensino profissional/universitário -3, Ensino superior -4, Não sabe -1)

5. Tomador de decisões

de homem ☐

de mulher ☐

de mulher desertor ☐

☐

(Homens chefiados -1, mulheres chefiadas-2, mulheres desertoras chefiadas - 3, gestores -4)

6. Situação profissional do titular da parcela:

☐

Não ☐

independente ☐

Não ☐

(1=empregado, 2=não empregado, 3=trabalhador independente, 4=não sabe)

SECÇÃO B. Categoria de exploração agrícola

1.1 Indicar a sua categoria agrícola / tipo de regime (assinalar a casa aplicável)

☐

A2 pequena ☐

A2 ☐

A2 ☐

3 - nível ☐

Outro (indicar abaixo se não for especificado acima)

....

(A1 -1, A2 ss - 2 , A2m - 3, A2c - 4, 3-tier -5)

1.2 Se obteve a sua exploração agrícola através do programa de reinstalação, quando é que foi reinstalado? (Assinalar na casa correspondente)

Antes do ano ☐

Durante o ano ☐

Após o ano ☐

(Antes de 2000 - 1, Durante 2000 - 2, Depois de 2000 - 3)

1.3 O que o motivou a aceder à terra?

☐

Necessidade de mais ☐

Solos pobres e pastoreio na de residência ☐

política ☐

☐

Pouca pluviosidade na de origem ☐

(¡sobrepopulação, 2=necessidade de mais terras, 3=solos pobres na zona de residência, 4=chuvas fracas na

zona de residência, 5=política, 6=pobreza, 7=outros (especificar) ....)

1.4 Como é que conseguiram terras?

Durante a agrária ☐

Aplicado à ☐

Aplicado à ☐

Candidatura a ☐

Aplicado ao ☐

Aplicado ao ☐

Aplicado ao Min. de ☐

Comprado ☐

☐

Outro (especificar): ....

(¡durante a reforma agrária, 2=aplicado à AREX, 3=aplicado à DA, 4=aplicado a vereador, 5=aplicado à ZANUPF, 6=aplicado a chefe, 7=aplicado ao Min. terras 8=outro (especificar) ....

SECÇÃO C: PRODUÇÃO ANIMAL

1.5 Tem algum animal de criação? Sim☐ Não☐ *(sim-1, não-2)*

1.6 Em caso afirmativo, especificar no quadro seguinte

Animal	Número (CÓDIGO)
Gado	
Burros	
Cabras	
Ovinos	
Porcos	
Galinhas	
Galinhas-d'angola	
Outros (especificar)	

(1-15 = 1, 16 - 30 = 2, 31 - 60 = 3, 61 - 90 = 4, > 90 = 5)

1.7 Há quanto tempo se dedica à atividade agrícola?

≤ Dois ☐

Três a cinco ☐

Seis a oito ☐

Mais de oito ☐

(2 anos - 1, 3-5 anos -2, 6-8 anos -3, >8 anos-4)

1.8 Qual é a razão para ter gado? Indicar por ordem de prioridade.

Actividades de produção vegetal	por exemplo, lavoura, monda, transporte de factores de produção, transporte de madeira e água	1	
Consumo	Por exemplo, leite e carne, couros e chifres para venda	2	
Finanças domésticas	Por exemplo, poupanças (armazenamento de capital para propinas escolares, riqueza da noiva)	3	
Social	Fins rituais (instalação de espíritos ancestrais), estatuto social e prazer de posse	4	
Outros (especificar)		5	

(Assinalar nos espaços previstos se é 1, 2, 3, 4 ou 5)

1.9 Qual é a vossa política em matéria de produção animal? (assinalar a casa correspondente)

leitões desmamados ☐

Bois com 2+ anos de ☐

Compra de leitões desmamados e ☐

animais adultos fora do velame ☐

Outro (especificar) ....

(Weaner-1, 2+steers -2, buy in weaners -3 , offveldfinishing -4 , outros -5)

2.0 Quais são os desafios que enfrenta na produção animal?

Falta de alimentos para ☐

☐

Caça furtiva ☐

furtivos ☐

Outro (especificar) ....

(falta de alimentação/pastagem -1, doenças - 2 , caça furtiva -3 , outros - 5)

SECÇÃO D: INFORMAÇÕES COMERCIAIS

2.1 Vendem os vossos produtos? Sim ☐ ☐

2.2 Em caso de resposta afirmativa à questão 1.9, quantas vezes vende o seu produto por ano?

☐

Duas ☐

Muitas ☐

(Uma vez -1, duas vezes - 2, muitas vezes -3)

2.3 Em caso negativo, explicar porquê ....

2.4 Onde é que vende o seu gado e os seus produtos?

(1(agricultor local); 2(intermediário); 3 (comerciantes retalhistas); 4 (importadores) 5 (leilões) 6 (outros) ....)

Animais vivos e produtos de origem animal	Mercado
Gado	
Cabras	
Ovinos	
Galinhas	
Leite	
Egg	
Manteiga	
Pele	
Queijo	

Se selecionou outro no ponto 2.1, especifique para cada espécie ou produto ....

2.5 Quais são os principais constrangimentos com que se depara quando vende os seus animais vivos e produtos animais?

(Classificação: 1 - primeiro mais importante, 2 - 2nd mais importante, 3 - 3rd mais importante, 4 - 4th mais importante).

Restrição	**Ordem de importância**
Falta de mercado	
Falta de competências de marketing	
Preços mais baixos	
Outros, especificar	

2.6 O que pensa que deveria ser feito para melhorar a situação atual da venda de animais vivos e de produtos animais?

....

....

2.7 Tem outras fontes de rendimento para além da agricultura? Sim ☐ *(Sim-1, não - 2)* ☐

2.6 Em caso afirmativo, indicar qual(is): ....

SECÇÃO E: CRIAÇÃO E EXTESÃO

2.8 Tem acesso a serviços de extensão? Sim☐ ☐

(sim -1, não - 2)

2.9 Em caso afirmativo, que conselhos recebeu dos extensionistas sobre a produção de gado?

Conselhos dos extensionistas	Assinale o que for adequado
a)Planeamento e gestão de campos	
b) Política de produção animal	
c) Gestão das doenças e das carraças	
d)Seleção e reprodução	
e) Comercialização e opções de mercado	
f) Análise da margem bruta	
g)Fontes de crédito	

(Conselhos: a- 1 , b - 2, c - 2, d-3, e - 4, f- 5 g-6)

3.0 Pratica algum sistema de criação? Sim☐ Não☐ *(sim - 1, não -2)*

3.1 Em caso afirmativo, como seleciona os seus touros reprodutores (explicar claramente no espaço abaixo)

....

....

3.2 Dispõe de algum sistema de paddocking? Sim☐ Não☐ *(sim - 1, não -2)*

3.3 Em caso afirmativo, explicar sucintamente como é efectuada a rotação do gado entre os cercados

....

....

3.4 Quais das seguintes práticas de criação de gado utiliza? (Por favor, assinale na caixa fornecida)

Imersão ☐

☐

☐

☐

☐

Outro (especificar): ....

(Imersão -1 , descorna-2, dosagem-3, vacinação-4, outros-5)

3.5 O seu gado tem acesso a água limpa adequada? Sim☐ Não ☐

3.6 Como classificaria as instalações de tratamento do gado?

☐

☐

☐

Muito ☐

(medíocre - 1, normal - 2, não normal - 3, bom - 4, muito bom - 5)

3.7 O tamanho do seu rebanho aumentou na nova área reinstalada em comparação com as suas áreas anteriores?

SIM ☐ ☐

3.8 Em caso afirmativo, a que se deve o aumento?

....

....

SECÇÃO D: PARÂMETROS DE PRODUÇÃO

3.9 Quantos vitelos nascem por ano no seu efetivo?

Menos 20 ☐

21 a ☐

51 a ☐

Mais de ☐

(<20-1,21-50 -2, 51-80-3, >80-4)

4.0 Quantos animais (gado) morrem num ano?

Menos de 5 ☐

6 a 10 ☐

11 a ☐

Mais de ☐

(<5 -1, 6-10 -2, 11-15-3, >15-4)

4.1 Quais são as principais causas de morte? (assinalar a resposta correta)

(1=doenças desconhecidas, 2=pés e boca, 3=antraz, 4=perna negra, 5=atacado por predadores, 6=transmitido por carraças, 7=outros (especificar) ....)

4.2 Qual é a dimensão do seu efetivo?

Classe	**Número**	**Raça principal**	**Origem dos animais (1=comprados, 2=herdados, 3=nascidos no efetivo, 4=outros (especificar)**
Touros de trabalho			
Vacas adultas			

Novilhas			
Touros jovens			
Bois de rasto			
Bois			
Vitelos			

SECÇÃO E: FACILIDADES DE EMPRÉSTIMO

4.3 Pediu um empréstimo ao banco para o ajudar a gerir a sua atividade pecuária?

Sim☐ Não☐ *(sim - 1, não -2)*

4.4 Em caso afirmativo, obteve-o? Sim☐ Não☐ *(sim - 1, não -2)*

4.5 Em caso negativo, quais foram os motivos da recusa?

....

....

4.6 Para além dos empréstimos, que outros serviços recebeu dos bancos?

....

....

SECÇÃO F: ASSOCIAÇÕES E AGRUPAMENTOS DE AGRICULTORES

4.7 É membro de alguma associação de agricultores deste agregado familiar?

Sim☐ Não☐ *(sim - 1, não -2)*

4.8 Pode dizer-nos quais são as instituições agrícolas que se encontram aqui e os membros do seu agregado familiar que participam nas suas actividades?

Tipo de instituição social	Disponibilidade ***(1=sim, 2=não)***	Quantas pessoas do agregado familiar frequentam/participam ***(1=um, 2=dois-três, 3=quatro a seis, 4=seis a dez, 5=mais de dez), 6=nenhum***
Associações/cooperativas agrícolas		
Organização dos agricultores		
Associações de produtos de base		

4.9 Explique como é que a associação o ajuda a melhorar a sua atividade na produção de gado?

....

SECÇÃO I.G).PROGRAMA COMPLEMENTAR PECUÁRIO/EMPRESAS

5.0 Para além da criação de gado, tem alguma atividade agrícola? Sim☐ Não☐ *(Sim-1, não - 2)*

5.1 Em caso afirmativo, qual é a cultura que pratica?

☐

☐

☐

☐

Outros: ....

5.2 Qual foi a sua colheita total no ano passado?

Cultura	Rendimento (sacos / hectare)	Objetivo
Sorgo		
Milho		
painço		
Amendoins		
Outros		

(Rendimento: 1 -≤ 20, 2 - 20 a 40, 3 - 40 a 60, 4 - > 60

Finalidade: 1 - uso doméstico, 2 - uso pecuário, 3 - uso doméstico e pecuário, 4 - venda)

5.3 Mantém Stover para alimentar o seu gado no inverno? Sim☐ Não☐ *(Sim -1, não - 2)*

5.4 Em caso afirmativo, qual e Stover e como é que o guarda?

Tipo de palha	Método de conservação
Milho	
Sorgo	
painço	
Amendoins	
Outros	

(Modo de conservação: 1 - Estantes de palha, 2 - Baias à sombra, 3 - Sacos, Ensilados - 4)

SECÇÃO H: ESTRATÉGIAS ALTERNATIVAS DE SUBSISTÊNCIA E UTILIZAÇÃO DOS RECURSOS NATURAIS

5.5 A agricultura é a sua principal fonte de rendimento? *(1=sim, 2=não)*

5.6 Houve uma melhoria do seu rendimento agrícola após a sua instalação nesta terra? *(1=sim, 2=não).*

7.2Que constrangimentos dificultam as suas actividades agrícolas (produção vegetal e animal)? *(1=potência de tração, 2=eletricidade, 3=escassez de insumos, 4=sem irrigação, 5=pastos limitados, 6=equipamento inadequado, 7=outros especificar)..............................)*

5.7 Sugira como pensa que estas questões podem ser resolvidas. *(1 = o governo deve ajudar com equipamento, 2 = o governo deve colaborar com o sector privado, 3 = o GMB deve fornecer os insumos a tempo, 4 = distribuição atempada dos insumos pelo governo, 5 = os insumos devem ser disponibilizados no mercado, 6 = os bancos não devem pedir garantias, 7 = outros, especificar).................)*

5.8 Para além da agricultura, quais são as actividades lucrativas a que se dedica?

Tipo de empresa	Em que atividade está envolvido? ***(1=sim, 2=não)***	Meses do ano ***(1=verão, 2=outono, 3=inverno, 4=primavera, 5=todo o ano)***	Membros do agregado familiar envolvidos: ***1=um, 2=dois a três, 3=quatro a 6, 4=seis a dez, 5=dez e mais***	Contribuição ***1=rendimento, 2=alimentação, 3=ambos***
Artesanato em pequena escala				
Fabrico de tijolos				

Edifício				
Carpintaria				
Soldadura				
Costura				
Artesanato				
Produção de cerveja				
Outros (especificar)				
....				
....				
Recursos naturais				
Caça				
Aquacultura/pesca				
Apicultura				
Comercialização da madeira				
Comercialização da relva				
Coleção de legumes indígenas				
Colheita de frutos indígenas				
Recolha de areia				
Recolha de vermes do mopane				
Garimpo de ouro				
Outros (especificar)				
....				
....				
Comércio				
Fugir das operações de mercado				
Comércio transfronteiriço				
Compra e venda no Zimbabué				
Outros (especificar)				
....				
....				
Emprego				
Empregado				
Empregado a tempo parcial				
Trabalho agrícola por empreitada				
Outros (especificar)				
Outros (especificar)				

5.9 Recebe remessas de outros membros da família? *(1=sim, 2=não)*

6.0 Em caso afirmativo, de que forma são essas remessas? *(1=dinheiro, 2=alimentos, 3=dinheiro e alimentos, 4=insumos, 5=roupas, 6=tudo o que precede, 7=outros, especificar ....)*

SECÇÃO I: INTERVENÇÃO DO GOVERNO, POLÍTICA E POSSE

6.1 Tem uma carta de oferta ou confirmação? Sim☐ Não☐ *(Sim -1, não - 2)*

6.2 Em caso afirmativo, como é que o obteve?

do distrito ☐

Ministério das ☐

Outro (especificar) ....

(1-DA, 2-Min of Lands, 3-outros (especificar) ....)

6.3 O tipo de propriedade que possui afecta as suas actividades agrícolas?

Sim☐ Não☐ *(1=sim, 2=não)*

Em caso afirmativo, como? *(1-Não pedir empréstimos, 2-Acesso limitado a factores de produção, 3-Não autorizado pelo governo, 4-Não sei, 5-Outros (especificar) ....)*

6.4 O governo ajuda-o de alguma forma na gestão das suas empresas de criação de gado?

Sim☐ Não☐ *(1-Sim, 2-Não)*

6.5 Em caso afirmativo, explicar sucintamente como?

....

....

6.7 Que tipo de posse tem sobre o seu terreno?

Aluguer curta duração ☐

Arrendamento a médio prazo ☐

a longo prazo ☐

☐

Outro (Especificar) ....

(Curto prazo-1, médio prazo-2, longo prazo-3, propriedade horizontal -4, Outros -5)

6.8 A propriedade do terreno restringe o número de animais que pode ter?

Sim☐ Não☐ *(1-sim, 2-não)*

6.9 Em caso negativo, explique: *(1-pastagem limitada, 2-pastagem perto das parcelas, 3-restrições impostas pela política de reinstalação, 4-outros, especifique ....)*

7.0 Em caso afirmativo, explicar como pode ser resolvido o problema?

....

....

7.1 A propriedade do terreno que possui permite-lhe utilizá-lo como garantia?

Sim☐ Não☐ *(1-sim, 2-não)*

7.2 Qual o tipo de propriedade da terra que prefere?

por 99 anos ☐

oferta ☐

Títulos propriedade ☐

Outro (especificar): ....

(1=arrendamento por 99 anos, 2=carta de oferta. 3=escrituras, 4=outros

7.3 Porquê?

Mais ☐

Instila um sentimento de ☐

Pode utilizar terrenos como ☐

Outro, especificar ....

(1=mais seguro, 2=faz com que haja um sentimento de permanência, 3=pode utilizar a terra como garantia, 4=outros especificados)

7.4 Na sua opinião, o que pode fazer com que a sua atividade de criação de gado seja um sucesso?

....

....

7.5 Alguém já tentou expulsá-lo desta exploração? Sim ☐ Não ☐ *(1-sim, 2-não)*

7.6 Em caso afirmativo, quem? (assinalar se for caso disso) *(1-Outros colonos, 2-Vizinhos, 3-Políticos, 4-Pessoas poderosas, 5-Líderes tradicionais, 6-Familiares, 7-Outros (especificar)* ....

7.7 Quais foram as razões da tentativa de expulsão: *(1-política, 2-não agricultura, 3-conflitos, 4-feitiçaria 5-ciúmes, 6-outro (especificar)* ....

Obrigado pelo vosso tempo e cooperação

FIM

*Apêndice 2****: Valores de R- Sqaure na análise de regressão dos factores de sucesso ajustados num modelo de regressão***

```
                                              The REG Procedure
(Combinations x Parameters - strp Regr)
                                                Model: MODEL1
                                          Dependent Variable: herdsize

                                            R-Square Selection Method

                        Number of Observations Read
196


NOTE: No intercept in model. R-Square is redefined.
```

Number in Model	R-Square	Adjusted R-Square	Variables in Model
1	0.6475	0.6451	farmcat
1	0.5905	0.5877	educ
1	0.5813	0.5784	livhusb
1	0.5601	0.5571	brdcomp
1	0.5597	0.5567	gvtasst
1	0.5273	0.5241	tenure
1	0.5074	0.5040	watacc
1	0.4054	0.4013	presrv
2	0.6539	0.6491	farmcat tenure
2	0.6529	0.6481	farmcat educ
2	0.6498	0.6450	farmcat livhusb
2	0.6484	0.6435	farmcat brdcomp
2	0.6482	0.6433	farmcat gvtasst
2	0.6482	0.6433	farmcat presrv
2	0.6480	0.6431	farmcat watacc
2	0.6134	0.6081	educ gvtasst
2	0.6123	0.6069	educ livhusb
2	0.6032	0.5977	brdcomp educ
2	0.5992	0.5937	livhusb gvtasst
2	0.5987	0.5931	brdcomp livhusb
2	0.5956	0.5900	educ watacc
2	0.5940	0.5884	tenure educ
2	0.5930	0.5873	educ presrv
2	0.5872	0.5815	livhusb watacc
2	0.5860	0.5802	livhusb presrv
2	0.5850	0.5792	brdcomp gvtasst
2	0.5847	0.5789	tenure livhusb
2	0.5694	0.5634	watacc gvtasst
2	0.5680	0.5620	tenure gvtasst
2	0.5674	0.5614	brdcomp watacc
2	0.5663	0.5603	presrv gvtasst
2	0.5641	0.5581	tenure brdcomp
2	0.5631	0.5570	brdcomp presrv
2	0.5421	0.5357	tenure watacc
2	0.5317	0.5252	tenure presrv

2	0.5182	0.5115	presrv watacc

The REG Procedure
Model: MODEL1
Dependent Variable: herdsize

R-Square Selection Method

Number in Model	R-Square	Adjusted R-Square	Variables in Model
3	0.6666	0.6596	farmcat tenure educ
3	0.6633	0.6562	farmcat tenure brdcomp
3	0.6623	0.6552	farmcat tenure livhusb
3	0.6592	0.6521	farmcat tenure gvtasst
3	0.6591	0.6519	farmcat tenure presrv
3	0.6554	0.6482	farmcat educ watacc
3	0.6542	0.6469	farmcat tenure watacc
3	0.6533	0.6460	farmcat educ livhusb
3	0.6530	0.6457	farmcat educ gvtasst
3	0.6530	0.6457	farmcat brdcomp educ
3	0.6529	0.6457	farmcat educ presrv
3	0.6516	0.6443	farmcat livhusb watacc
3	0.6500	0.6427	farmcat livhusb presrv
3	0.6500	0.6426	farmcat brdcomp livhusb
3	0.6499	0.6426	farmcat brdcomp watacc
3	0.6499	0.6426	farmcat livhusb gvtasst
3	0.6495	0.6421	farmcat watacc gvtasst
3	0.6495	0.6421	farmcat presrv watacc
3	0.6486	0.6412	farmcat brdcomp presrv
3	0.6486	0.6412	farmcat brdcomp gvtasst
3	0.6486	0.6412	farmcat presrv gvtasst
3	0.6197	0.6117	educ livhusb gvtasst
3	0.6154	0.6074	tenure educ gvtasst
3	0.6150	0.6070	brdcomp educ livhusb
3	0.6145	0.6064	brdcomp educ gvtasst
3	0.6135	0.6054	educ watacc gvtasst
3	0.6135	0.6053	educ presrv gvtasst
3	0.6129	0.6047	tenure educ livhusb
3	0.6126	0.6045	educ livhusb presrv
3	0.6124	0.6043	educ livhusb watacc
3	0.6047	0.5964	brdcomp livhusb gvtasst
3	0.6035	0.5952	tenure brdcomp educ
3	0.6035	0.5952	brdcomp educ watacc
3	0.6034	0.5950	brdcomp educ presrv
3	0.6002	0.5918	livhusb presrv gvtasst
3	0.5999	0.5915	tenure brdcomp livhusb
3	0.5996	0.5912	livhusb watacc gvtasst
3	0.5995	0.5911	tenure livhusb gvtasst
3	0.5991	0.5907	brdcomp livhusb presrv
3	0.5989	0.5905	brdcomp livhusb watacc
3	0.5962	0.5877	educ presrv watacc
3	0.5961	0.5877	tenure educ watacc

3	0.5948	0.5863	tenure educ presrv
3	0.5889	0.5802	livhusb presrv watacc

The REG Procedure
Model: MODEL1
Dependent Variable: herdsize

R-Square Selection Method

Number in Model	R-Square	Adjusted R-Square	Variables in Model
3	0.5876	0.5790	tenure livhusb watacc
3	0.5869	0.5783	tenure livhusb presrv
3	0.5857	0.5770	brdcomp watacc gvtasst
3	0.5856	0.5769	brdcomp presrv gvtasst
3	0.5851	0.5764	tenure brdcomp gvtasst
3	0.5717	0.5627	tenure watacc gvtasst
3	0.5716	0.5626	presrv watacc gvtasst
3	0.5702	0.5612	tenure presrv gvtasst
3	0.5683	0.5593	brdcomp presrv watacc
3	0.5683	0.5592	tenure brdcomp watacc
3	0.5654	0.5563	tenure brdcomp presrv
3	0.5436	0.5340	tenure presrv watacc
4	0.6708	0.6615	farmcat tenure educ gvtasst
4	0.6708	0.6615	farmcat tenure brdcomp educ
4	0.6700	0.6607	farmcat tenure educ livhusb
4	0.6694	0.6601	farmcat tenure educ presrv
4	0.6684	0.6591	farmcat tenure brdcomp livhusb
4	0.6667	0.6573	farmcat tenure educ watacc
4	0.6664	0.6570	farmcat tenure brdcomp presrv
4	0.6663	0.6569	farmcat tenure livhusb presrv
4	0.6657	0.6562	farmcat tenure brdcomp gvtasst
4	0.6650	0.6555	farmcat tenure livhusb gvtasst
4	0.6633	0.6538	farmcat tenure presrv gvtasst
4	0.6633	0.6538	farmcat tenure brdcomp watacc
4	0.6623	0.6527	farmcat tenure livhusb watacc
4	0.6592	0.6496	farmcat tenure watacc gvtasst
4	0.6591	0.6495	farmcat tenure presrv watacc
4	0.6564	0.6467	farmcat educ livhusb watacc
4	0.6562	0.6466	farmcat educ watacc gvtasst
4	0.6559	0.6462	farmcat educ presrv watacc
4	0.6556	0.6459	farmcat brdcomp educ watacc
4	0.6534	0.6436	farmcat brdcomp educ livhusb
4	0.6533	0.6435	farmcat educ livhusb gvtasst
4	0.6533	0.6435	farmcat educ livhusb presrv
4	0.6531	0.6433	farmcat brdcomp educ gvtasst
4	0.6530	0.6432	farmcat educ presrv gvtasst
4	0.6530	0.6432	farmcat brdcomp educ presrv
4	0.6525	0.6427	farmcat livhusb presrv watacc
4	0.6523	0.6425	farmcat brdcomp livhusb watacc

4	0.6521	0.6423	farmcat livhusb watacc gvtasst
4	0.6507	0.6409	farmcat brdcomp presrv watacc
4	0.6506	0.6407	farmcat brdcomp watacc gvtasst
4	0.6506	0.6407	farmcat presrv watacc gvtasst

The REG Procedure
Model: MODEL1
Dependent Variable: herdsize

R-Square Selection Method

Number in Model	R-Square	Adjusted R-Square	Variables in Model
4	0.6501	0.6402	farmcat brdcomp livhusb presrv
4	0.6501	0.6402	farmcat livhusb presrv gvtasst
4	0.6500	0.6401	farmcat brdcomp livhusb gvtasst
4	0.6488	0.6389	farmcat brdcomp presrv gvtasst
4	0.6249	0.6143	tenure educ livhusb gvtasst
4	0.6203	0.6096	educ livhusb watacc gvtasst
4	0.6199	0.6092	brdcomp educ livhusb gvtasst
4	0.6197	0.6090	educ livhusb presrv gvtasst
4	0.6189	0.6082	tenure brdcomp educ gvtasst
4	0.6187	0.6080	tenure brdcomp educ livhusb
4	0.6158	0.6050	tenure educ presrv gvtasst
4	0.6155	0.6047	tenure educ watacc gvtasst
4	0.6152	0.6043	brdcomp educ livhusb watacc
4	0.6150	0.6042	brdcomp educ livhusb presrv
4	0.6148	0.6040	brdcomp educ watacc gvtasst
4	0.6145	0.6036	brdcomp educ presrv gvtasst
4	0.6136	0.6027	educ presrv watacc gvtasst
4	0.6135	0.6027	tenure educ livhusb presrv
4	0.6133	0.6024	tenure educ livhusb watacc
4	0.6126	0.6017	educ livhusb presrv watacc
4	0.6086	0.5976	tenure brdcomp livhusb gvtasst
4	0.6048	0.5937	brdcomp livhusb presrv gvtasst
4	0.6048	0.5937	brdcomp livhusb watacc gvtasst
4	0.6042	0.5930	tenure brdcomp educ watacc
4	0.6038	0.5927	tenure brdcomp educ presrv
4	0.6036	0.5924	brdcomp educ presrv watacc
4	0.6010	0.5897	tenure livhusb presrv gvtasst
4	0.6008	0.5896	tenure brdcomp livhusb presrv
4	0.6005	0.5893	tenure brdcomp livhusb watacc
4	0.6002	0.5890	livhusb presrv watacc gvtasst
4	0.6002	0.5889	tenure livhusb watacc gvtasst
4	0.5992	0.5879	brdcomp livhusb presrv watacc
4	0.5965	0.5851	tenure educ presrv watacc
4	0.5889	0.5774	tenure livhusb presrv watacc
4	0.5861	0.5744	tenure brdcomp watacc gvtasst
4	0.5861	0.5744	brdcomp presrv watacc gvtasst
4	0.5860	0.5743	tenure brdcomp presrv gvtasst
4	0.5729	0.5608	tenure presrv watacc gvtasst

```
        4       0.5689       0.5567    tenure brdcomp presrv watacc
 -------------------------------------------------------------------
---------------------------
        5       0.6733       0.6617    farmcat tenure brdcomp educ
livhusb
        5       0.6732       0.6617    farmcat tenure brdcomp educ
gvtasst
        5       0.6730       0.6614    farmcat tenure educ presrv
gvtasst
        5       0.6728       0.6612    farmcat tenure brdcomp educ
presrv
                                           The SAS System     12:41
gvtasst
        5       0.6568       0.6447    farmcat educ livhusb watacc
gvtasst
        5       0.6567       0.6446    farmcat educ livhusb presrv
watacc
        5       0.6565       0.6444    farmcat educ presrv watacc
gvtasst
        5       0.6565       0.6443    farmcat brdcomp educ livhusb
watacc
        5       0.6563       0.6441    farmcat brdcomp educ watacc
gvtasst
        5       0.6560       0.6438    farmcat brdcomp educ presrv
watacc
        5       0.6534       0.6412    farmcat brdcomp educ livhusb
gvtasst
        5       0.6534       0.6411    farmcat brdcomp educ livhusb
presrv
        5       0.6533       0.6410    farmcat educ livhusb presrv
gvtasst
        5       0.6531       0.6408    farmcat brdcomp educ presrv
gvtasst
        5       0.6529       0.6406    farmcat brdcomp livhusb presrv
watacc
        5       0.6528       0.6405    farmcat livhusb presrv watacc
gvtasst
        5       0.6525       0.6402    farmcat brdcomp livhusb watacc
gvtasst
        5       0.6513       0.6389    farmcat brdcomp presrv watacc
gvtasst
        5       0.6501       0.6377    farmcat brdcomp livhusb presrv
gvtasst
        5       0.6275       0.6143    tenure brdcomp educ livhusb
gvtasst
        5       0.6252       0.6119    tenure educ livhusb presrv
gvtasst
        5       0.6249       0.6116    tenure educ livhusb watacc
gvtasst
        5       0.6208       0.6074    brdcomp educ livhusb watacc
gvtasst
        5       0.6203       0.6068    educ livhusb presrv watacc
gvtasst
        5       0.6200       0.6065    brdcomp educ livhusb presrv
gvtasst
```

```
        5        0.6191       0.6056    tenure brdcomp educ presrv
gvtasst
        5        0.6190       0.6055    tenure brdcomp educ livhusb
presrv
        5        0.6189       0.6054    tenure brdcomp educ watacc
gvtasst
        5        0.6187       0.6052    tenure brdcomp educ livhusb
watacc
        5        0.6158       0.6022    tenure educ presrv watacc
gvtasst
        5        0.6152       0.6015    brdcomp educ livhusb presrv
watacc
        5        0.6148       0.6012    brdcomp educ presrv watacc
gvtasst
                                            The SAS System     12:41
Thursday, February 20, 2014  13

                                          The REG Procedure
                                            Model: MODEL1
                                     Dependent Variable: herdsize

                                       R-Square Selection Method

 Number in                  Adjusted
   Model      R-Square      R-Square    Variables in Model

        5        0.6138       0.6001    tenure educ livhusb presrv
watacc
        5        0.6093       0.5954    tenure brdcomp livhusb presrv
gvtasst
        5        0.6086       0.5948    tenure brdcomp livhusb watacc
gvtasst
        5        0.6049       0.5909    brdcomp livhusb presrv watacc
gvtasst
        5        0.6043       0.5903    tenure brdcomp educ presrv
watacc
        5        0.6013       0.5872    tenure livhusb presrv watacc
gvtasst
        5        0.6012       0.5870    tenure brdcomp livhusb presrv
watacc
        5        0.5867       0.5720    tenure brdcomp presrv watacc
gvtasst
 -------------------------------------------------------------------
----------------------------

                                          The
        6        0.6752       0.6613    farmcat tenure brdcomp educ
livhusb presrv
        6        0.6750       0.6611    farmcat tenure brdcomp educ
presrv gvtasst
        6        0.6749       0.6610    farmcat tenure brdcomp educ
livhusb gvtasst
        6        0.6749       0.6609    farmcat tenure educ livhusb
presrv gvtasst
        6        0.6740       0.6601    farmcat tenure brdcomp educ
watacc gvtasst
```

```
        6       0.6739      0.6599    farmcat tenure educ presrv
watacc gvtasst
        6       0.6739      0.6599    farmcat tenure brdcomp educ
livhusb watacc
        6       0.6736      0.6596    farmcat tenure brdcomp educ
presrv watacc
        6       0.6733      0.6593    farmcat tenure educ livhusb
watacc gvtasst
        6       0.6732      0.6592    farmcat tenure educ livhusb
presrv watacc
        6       0.6722      0.6581    farmcat tenure brdcomp livhusb
presrv gvtasst
        6       0.6720      0.6579    farmcat tenure brdcomp livhusb
presrv watacc
        6       0.6702      0.6561    farmcat tenure brdcomp livhusb
watacc gvtasst
        6       0.6693      0.6551    farmcat tenure brdcomp presrv
watacc gvtasst
        6       0.6690      0.6548    farmcat tenure livhusb presrv
watacc gvtasst
        6       0.6571      0.6424    farmcat educ livhusb presrv
watacc gvtasst
        6       0.6568      0.6421    farmcat brdcomp educ livhusb
watacc gvtasst
        6       0.6568      0.6420    farmcat brdcomp educ livhusb
presrv watacc
        6       0.6565      0.6418    farmcat brdcomp educ presrv
watacc gvtasst
        6       0.6534      0.6386    farmcat brdcomp educ livhusb
presrv gvtasst
        6       0.6531      0.6382    farmcat brdcomp livhusb presrv
watacc gvtasst
        6       0.6277      0.6117    tenure brdcomp educ livhusb
presrv gvtasst
        6       0.6276      0.6116    tenure brdcomp educ livhusb
watacc gvtasst
        6       0.6253      0.6092    tenure educ livhusb presrv
watacc gvtasst
        6       0.6208      0.6046    brdcomp educ livhusb presrv
watacc gvtasst
        6       0.6191      0.6028    tenure brdcomp educ presrv
watacc gvtasst
        6       0.6190      0.6027    tenure brdcomp educ livhusb
presrv watacc
        6       0.6093      0.5926    tenure brdcomp livhusb presrv
watacc gvtasst
 ---------------------------------------------------------------------
----------------------------
        7       0.6766      0.6603    farmcat tenure brdcomp educ
livhusb presrv gvtasst
        7       0.6764      0.6601    farmcat tenure brdcomp educ
livhusb presrv watacc
        7       0.6764      0.6601    farmcat tenure brdcomp educ
presrv watacc gvtasst
        7       0.6760      0.6597    farmcat tenure educ livhusb
presrv watacc gvtasst
```

```
       7       0.6759       0.6596    farmcat tenure brdcomp educ
livhusb watacc gvtasst
       7       0.6734       0.6569    farmcat tenure brdcomp livhusb
presrv watacc gvtasst

                                          The SAS System     12:41
Thursday, February 20, 2014  14

                                        The REG Procedure
                                          Model: MODEL1
                                   Dependent Variable: herdsize

                                     R-Square Selection Method

 Number in                 Adjusted
   Model      R-Square     R-Square    Variables in Model

       7       0.6571       0.6398    farmcat brdcomp educ livhusb
presrv watacc gvtasst
       7       0.6279       0.6091    tenure brdcomp educ livhusb
presrv watacc gvtasst
 -------------------------------------------------------------------
----------------------------
       8       0.6782       0.6596    farmcat tenure brdcomp educ
livhusb presrv watacc gvtasst
```

Apêndice 3: Resultado da Regressão GLM (LSM) nas Variáveis Dependentes (Tamanho do Rebanho, Bezerros nascidos e Mortalidade) mostrando os níveis de significância testados em P<0,01 , P<0,0001 e P<0,05

```
                                    The SAS System       19:26 Tuesday, October 22,
2013  11

                                   The REG Procedure
                                     Model: MODEL1
                               Dependent Variable: herdsize

                                R-Square Selection Method

                    Number of Observations Read                      196
                    Number of Observations Used                      142
                    Number of Observations with Missing Values        54


NOTE: No intercept in model. R-Square is redefined.

Number in            Adjusted             ---------------Parameter Estimates------------
----
  Model     R-Square  R-Square          AIC      dist            sex           educ            dem
```

```
       1     0.6478    0.6453    979.1342            .           .           .
.
       1     0.5912    0.5883   1000.2946            .           .    13.54704
.
------------------------------------------------------------------------------------------
----
       2     0.6606    0.6557    975.9050            .   -10.55825           .
.
       2     0.6544    0.6495    978.4565            .           .           .
.
------------------------------------------------------------------------------------------
----
       3     0.6872    0.6805    966.2912            .   -31.03959           .
22.65946
       3     0.6737    0.6666    972.3065      2.44689   -15.95814           .
.
------------------------------------------------------------------------------------------
----
       4     0.6982    0.6894    963.2300            .   -34.27344           .
22.14907
       4     0.6980    0.6892    963.3251            .   -36.76748           .
22.89439
------------------------------------------------------------------------------------------
----
       5     0.7079    0.6972    960.5928            .   -31.10970           .
23.66018
       5     0.7044    0.6936    962.2663            .   -34.60889           .
24.29344
------------------------------------------------------------------------------------------
----
       6     0.7176    0.7051    957.7917      2.24826   -32.66845           .
22.05261
       6     0.7171    0.7047    958.0106            .   -35.21627           .
24.34240
------------------------------------------------------------------------------------------
----
       7     0.7266    0.7124    955.1952      2.41633   -36.17475     5.15987
21.52794
       7     0.7262    0.7120    955.3846      2.17357   -36.58018           .
22.76447
------------------------------------------------------------------------------------------
----
       8     0.7329    0.7169    953.8932      2.31125   -37.56256     4.70880
22.12896
       8     0.7321    0.7161    954.2949      2.09698   -37.88504           .
23.23900
------------------------------------------------------------------------------------------
----
       9     0.7369    0.7190    953.7553      2.06623   -39.04019     4.22342
22.76609
       9     0.7367    0.7188    953.8566      2.17605   -37.70972     3.55586
22.44512
------------------------------------------------------------------------------------------
----
      10     0.7411    0.7215    953.4317      2.21268   -41.11206     5.13067
24.81338
      10     0.7404    0.7207    953.8328      2.33553   -39.42455     4.35996
24.27850
------------------------------------------------------------------------------------------
----
      11     0.7450    0.7236    953.2883      2.10737   -41.30484     4.07150
25.24607
      11     0.7442    0.7227    953.7538      2.42978   -39.06477           .
25.09177
------------------------------------------------------------------------------------------
----
      12     0.7476    0.7243    953.8214      2.11777   -41.85481     3.46299
25.33516
      12     0.7475    0.7242    953.8983      2.37935   -40.73873     3.46716
25.15759
------------------------------------------------------------------------------------------
----
```

```
      13      0.7498    0.7246    954.5756      2.37387    -41.29132      2.92511
25.24692
                                          The SAS System       19:26 Tuesday, October 22,
2013  12

                                        The REG Procedure
                                          Model: MODEL1
                                   Dependent Variable: herdsize

                                     R-Square Selection Method

Number in           Adjusted              ---------------Parameter Estimates------------
----
  Model    R-Square  R-Square           AIC      dist           sex          educ           dem

      13      0.7488    0.7234    955.1825      2.10873    -40.86818      3.76153
25.22665
------------------------------------------------------------------------------------------
----
      14      0.7517    0.7245    955.5244      2.40565    -39.91493      3.22122
25.09109
      14      0.7508    0.7235    956.0271      2.46300    -40.04823      2.86855
24.92074
------------------------------------------------------------------------------------------
----
      15      0.7521    0.7228    957.2924      2.43591    -39.64978      3.15004
24.96679
      15      0.7518    0.7224    957.4788      2.43200    -39.67506      3.16127
25.00008
------------------------------------------------------------------------------------------
----
      16      0.7521    0.7206    959.2734      2.45171    -39.50546      3.11420
24.91315

Number in           ----------------------------Parameter Estimates---------------------
--------
  Model    R-Square    farmcat        time         incsos        extser       brdsyst
pdksyst

       1      0.6478    25.06173            .             .             .             .
.
       1      0.5912           .            .             .             .             .
.
------------------------------------------------------------------------------------------
--------
       2      0.6606    32.46554            .             .             .             .
.
       2      0.6544    31.86643            .             .             .             .
.
------------------------------------------------------------------------------------------
--------
       3      0.6872    30.43462            .             .             .             .
.
       3      0.6737    28.79062            .             .             .             .
.
------------------------------------------------------------------------------------------
--------
       4      0.6982    25.87939     5.92038              .             .             .
.
       4      0.6980    25.84933            .             .             .             .
.
------------------------------------------------------------------------------------------
--------
       5      0.7079    30.13367     8.47732              .             .             .
.
       5      0.7044    29.57071            .             .             .             .
.
------------------------------------------------------------------------------------------
--------
       6      0.7176    29.00941     7.86097              .             .             .
.
       6      0.7171    27.77560     7.18674              .             .             .
.
```

Number in Model	R-Square	farmcat	time	incsos	extser	brdsyst	pdksyst
7	0.7266	24.11113	.	.	.	.	.
7	0.7262	26.77084	6.63583	.	.	.	.
8	0.7329	22.84866	.	.	7.51957	.	.
8	0.7321	25.35312	5.91981	.	7.30910	.	.
9	0.7369	23.78928	.	.	7.85976	.	.
9	0.7367	22.93667	4.26270	.	6.86956	.	.
10	0.7411	24.19587	.	-2.17961	8.11813	.	.
10	0.7404	23.18183	4.66751	-2.02101	6.99669	.	.
11	0.7450	24.23963	4.33470	-2.35450	7.44953	.	.

The SAS System 19:26 Tuesday, October 22, 2013 13

The REG Procedure
Model: MODEL1
Dependent Variable: herdsize

R-Square Selection Method

Number in Model	R-Square	farmcat	time	incsos	extser	brdsyst	pdksyst
		Parameter Estimates					
11	0.7442	24.82243	5.38266	-2.45597	7.07439	.	.
12	0.7476	24.12760	4.22116	-2.57800	7.00541	.	.
12	0.7475	22.79318	4.05391	-2.49023	6.92654	.	.
13	0.7498	22.76864	3.96224	-2.69418	6.53554	.	.
13	0.7488	24.00498	4.68819	-2.39591	8.07892	-4.39806	.
14	0.7517	22.37857	4.52444	-2.47758	7.84909	-5.70861	.
14	0.7508	22.35877	4.60328	-2.57097	7.27063	.	-4.22188
15	0.7521	22.58116	4.86295	-2.37503	7.82020	-5.00608	.
15	0.7518	22.29076	4.66831	-2.46476	7.92265	-4.92831	-1.45365
16	0.7521	22.51431	4.94111	-2.37146	7.86961	-4.52913	-0.94978

```
Number in              -----------------------------Parameter Estimates---------------------
--------
  Model    R-Square    livhusb       watacc        presrv        gvtasst       tenure
brdcomp

       1     0.6478           .             .             .             .             .
.
       1     0.5912           .             .             .             .             .
.
-------------------------------------------------------------------------------------------
--------
       2     0.6606           .             .             .             .             .
.
       2     0.6544           .             .             .             .      -4.18195
.
-------------------------------------------------------------------------------------------
--------
       3     0.6872           .             .             .             .             .
.
       3     0.6737           .             .             .             .             .
.
-------------------------------------------------------------------------------------------
--------
       4     0.6982           .             .             .             .             .
.
       4     0.6980           .             .             .       3.94334             .
.
-------------------------------------------------------------------------------------------
--------
       5     0.7079           .             .             .             .      -6.55881
.
       5     0.7044           .             .             .       4.89156      -5.08541
.
-------------------------------------------------------------------------------------------
--------
       6     0.7176           .             .             .             .      -8.23457
.
       6     0.7171           .             .             .       3.92386      -7.83605
.
-------------------------------------------------------------------------------------------
--------
       7     0.7266           .             .             .       4.41252      -8.87658
.
       7     0.7262           .             .             .       3.78716      -9.41164
.
-------------------------------------------------------------------------------------------
--------
       8     0.7329           .             .             .       3.92668      -9.62200
.
       8     0.7321           .             .             .       3.38807     -10.03654
.
-------------------------------------------------------------------------------------------
--------
       9     0.7369           .             .       1.70625       3.80426     -10.61597
.
                                            The SAS System       19:26 Tuesday, October 22,
2013  14

                                          The REG Procedure
                                            Model: MODEL1
                                     Dependent Variable: herdsize

                                       R-Square Selection Method

Number in              -----------------------------Parameter Estimates---------------------
--------
  Model    R-Square    livhusb       watacc        presrv        gvtasst       tenure
brdcomp

       9     0.7367           .             .             .       3.46520     -10.65348
.
-------------------------------------------------------------------------------------------
--------
```

```
      10     0.7411             .             .       1.98055      3.92071      -9.86426
.
      10     0.7404             .             .             .      3.54760      -9.90626
.
------------------------------------------------------------------------------------------
--------
      11     0.7450             .             .       1.86039      3.47098     -10.77003
.
      11     0.7442       2.18874             .       1.79663            .     -12.63558
4.34894
------------------------------------------------------------------------------------------
--------
      12     0.7476             .             .       1.77833      3.04343     -11.90877
3.30447
      12     0.7475       1.60265             .       1.79641      2.98436     -11.61965
.
------------------------------------------------------------------------------------------
--------
      13     0.7498       1.51233             .       1.72232      2.60700     -12.64988
3.12853
      13     0.7488             .             .       1.99850      3.13598     -11.50424
3.75883
------------------------------------------------------------------------------------------
--------
      14     0.7517       1.76930             .       1.99858      2.65297     -12.25074
3.68840
      14     0.7508       1.79001             .       1.83655      2.62656     -12.22480
3.56401
------------------------------------------------------------------------------------------
--------
      15     0.7521       1.77204      -2.65852       2.04645      2.66751     -12.26150
3.73182
      15     0.7518       1.82979             .       2.00015      2.65342     -12.15894
3.76181
------------------------------------------------------------------------------------------
--------
      16     0.7521       1.81144      -2.53410       2.04524      2.66713     -12.20102
3.77776

                                          The SAS System       19:26 Tuesday, October 22,
2013  15

                                        The GLM Procedure

                                     Class Level Information

                            Class          Levels    Values

                            dist                9    1 2 3 4 5 6 7 8 9

                            sex                 2    1 2

                            educ                5    1 2 3 4 5

                            dem                 4    1 2 3 4

                            farmcat             3    1 2 3

                            time                3    1 2 3

                            incsos              9    1 2 3 4 5 6 7 8 9

                            extser              4    1 2 3 5

                            brdsyst             3    1 2 3

                            pdksyst             2    1 2

                            livhusb             7    1 2 3 4 5 6 7

                            watacc              2    1 2
```

presrv	5	1 2 3 5 6
gvtasst	6	1 2 3 4 5 6
tenure	5	1 2 3 4 5
brdcomp	5	1 2 3 4 9

Number of Observations Read 196
Number of Observations Used 142

The GLM Procedure

Dependent Variable: herdsize

Source	DF	Sum of Squares	Mean Square	F Value	Pr > F
Model	59	325995.6336	5525.3497	6.88	<.0001
Error	83	66663.3664	803.1731		
Uncorrected Total	142	392659.0000			

R-Square	Coeff Var	Root MSE	herdsize Mean
0.581411	69.90314	28.34031	40.54225

Source	DF	Type III SS	Mean Square	F Value	Pr > F
dist	8	4431.69280	553.96160	0.69	0.6995
sex	1	5727.28971	5727.28971	7.13	0.0091
educ	4	1503.07729	375.76932	0.47	0.7591
dem	3	11075.35702	3691.78567	4.60	0.0050
farmcat	2	4688.78129	2344.39065	2.92	0.0596
time	2	1130.71656	565.35828	0.70	0.4976
incsos	8	5131.40913	641.42614	0.80	0.6054
extser	3	5635.61562	1878.53854	2.34	0.0794
brdsyst	2	1900.71557	950.35778	1.18	0.3114
pdksyst	1	106.87137	106.87137	0.13	0.7162
livhusb	6	2639.55072	439.92512	0.55	0.7704
watacc	1	163.79499	163.79499	0.20	0.6527
presrv	4	5002.65195	1250.66299	1.56	0.1934
gvtasst	5	4552.42437	910.48487	1.13	0.3492
tenure	4	7656.96994	1914.24249	2.38	0.0579
brdcomp	4	1675.66984	418.91746	0.52	0.7201

Standard

Parameter		Estimate		Standard Error	t Value	Pr > |t|
dist	1	64.2245576	B	113.4483287	0.57	0.5728
dist	2	94.0196391	B	113.9668643	0.82	0.4118
dist	3	91.9158517	B	115.2718668	0.80	0.4275
dist	4	84.1698944	B	111.5025697	0.75	0.4525
dist	5	104.8817176	B	117.7306908	0.89	0.3756
dist	6	80.4488567	B	113.1898069	0.71	0.4792
dist	7	137.3933632	B	128.5610776	1.07	0.2883
dist	8	90.6525694	B	112.1629235	0.81	0.4213
dist	9	87.3447138	B	111.2086462	0.79	0.4344
sex	1	37.7130745	B	14.1228367	2.67	0.0091
sex	2	0.0000000	B	.	.	.

The SAS System 19:26 Tuesday, October 22, 2013 17

The GLM Procedure

Dependent Variable: herdsize

Parameter		Estimate		Standard Error	t Value	Pr > |t|
educ	1	-1.4309803	B	16.6798450	-0.09	0.9318
educ	2	-13.8864498	B	13.7638822	-1.01	0.3160
educ	3	-5.8863826	B	12.6319940	-0.47	0.6424
educ	4	-10.4161782	B	15.1901704	-0.69	0.4948
educ	5	0.0000000	B	.	.	.
dem	1	-116.3369348	B	41.2194058	-2.82	0.0060
dem	2	-102.7594164	B	42.8289650	-2.40	0.0187
dem	3	-50.2183215	B	50.4960765	-0.99	0.3229
dem	4	0.0000000	B	.	.	.
farmcat	1	25.3724097	B	37.9264400	0.67	0.5054
farmcat	2	41.8226690	B	38.1798978	1.10	0.2765
farmcat	3	0.0000000	B	.	.	.
time	1	-11.4583745	B	9.6709174	-1.18	0.2395
time	2	-3.8267197	B	8.0438460	-0.48	0.6355
time	3	0.0000000	B	.	.	.
incsos	1	-10.9462169	B	41.6082783	-0.26	0.7931
incsos	2	19.5515547	B	40.2245171	0.49	0.6282
incsos	3	4.3415358	B	39.6247410	0.11	0.9130
incsos	4	-0.0178459	B	40.4842019	-0.00	0.9996
incsos	5	11.3695637	B	41.1168732	0.28	0.7828
incsos	6	1.1516052	B	44.4821600	0.03	0.9794
incsos	7	-8.8643879	B	47.4282580	-0.19	0.8522
incsos	8	-1.0991425	B	45.6332757	-0.02	0.9808
incsos	9	0.0000000	B	.	.	.
extser	1	-35.2828988	B	38.9172337	-0.91	0.3672
extser	2	-11.5360837	B	40.4240732	-0.29	0.7761
extser	3	-26.2301270	B	45.6930410	-0.57	0.5675
extser	5	0.0000000	B	.	.	.
brdsyst	1	31.4401192	B	41.4324302	0.76	0.4501
brdsyst	2	17.3419114	B	40.8034667	0.43	0.6719
brdsyst	3	0.0000000	B	.	.	.
pdksyst	1	-3.8163626	B	10.4622122	-0.36	0.7162
pdksyst	2	0.0000000	B	.	.	.
livhusb	1	18.7838260	B	35.5655150	0.53	0.5988
livhusb	2	-6.3255647	B	42.0290654	-0.15	0.8807
livhusb	3	1.4305436	B	35.3905152	0.04	0.9679
livhusb	4	-1.7551422	B	37.3983880	-0.05	0.9627
livhusb	5	17.3633741	B	40.1876478	0.43	0.6668
livhusb	6	13.8611882	B	33.3489105	0.42	0.6787
livhusb	7	0.0000000	B	.	.	.
watacc	1	3.7481265	B	8.2998168	0.45	0.6527
watacc	2	0.0000000	B	.	.	.
presrv	1	-4.3964245	B	21.3038165	-0.21	0.8370
presrv	2	3.0330121	B	24.2747863	0.12	0.9009
presrv	3	0.6824647	B	41.1976795	0.02	0.9868
presrv	5	12.8004927	B	20.9930548	0.61	0.5437

The SAS System 19:26 Tuesday, October 22, 2013 18

The GLM Procedure

Dependent Variable: herdsize

Parameter		Estimate		Standard Error	t Value	Pr > |t|
presrv	6	0.0000000	B	.	.	.
gvtasst	1	-26.5066482	B	14.7805384	-1.79	0.0766
gvtasst	2	-53.9179399	B	33.3493253	-1.62	0.1097
gvtasst	3	-16.5691909	B	10.6073632	-1.56	0.1221
gvtasst	4	-12.5360111	B	9.7710545	-1.28	0.2031
gvtasst	5	-20.4009501	B	45.1632689	-0.45	0.6527
gvtasst	6	0.0000000	B	.	.	.
tenure	1	42.0895089	B	24.6537704	1.71	0.0915
tenure	2	1.3496273	B	20.8009161	0.06	0.9484
tenure	3	-6.8468079	B	19.1816478	-0.36	0.7220
tenure	4	-20.1840683	B	29.8068686	-0.68	0.5002
tenure	5	0.0000000	B	.	.	.
brdcomp	1	5.2191457	B	33.8869769	0.15	0.8780
brdcomp	2	21.1672755	B	33.8077194	0.63	0.5330
brdcomp	3	19.4632534	B	32.4997726	0.60	0.5509
brdcomp	4	26.9546015	B	48.7465842	0.55	0.5818
brdcomp	9	0.0000000	B	.	.	.

NOTE: The X'X matrix has been found to be singular, and a generalized inverse was used to solve
the normal equations. Terms whose estimates are followed by the letter 'B' are not uniquely estimable.

The SAS System 19:26 Tuesday, October 22, 2013 19

The GLM Procedure

Class Level Information

Class	Levels	Values
dist	9	1 2 3 4 5 6 7 8 9
sex	2	1 2
educ	5	1 2 3 4 5
dem	4	1 2 3 4
farmcat	3	1 2 3
time	3	1 2 3
incsos	9	1 2 3 4 5 6 7 8 9
extser	4	1 2 3 5
brdsyst	3	1 2 3
pdksyst	2	1 2
livhusb	7	1 2 3 4 5 6 7
watacc	2	1 2
presrv	5	1 2 3 5 6
gvtasst	6	1 2 3 4 5 6
tenure	5	1 2 3 4 5
brdcomp	5	1 2 3 4 9

Number of Observations Read 196
Number of Observations Used 142

The GLM Procedure

Dependent Variable: herdsize

Source	DF	Sum of Squares	Mean Square	F Value	Pr > F
Model	59	325995.6336	5525.3497	6.88	<.0001
Error	83	66663.3664	803.1731		
Uncorrected Total	142	392659.0000			

R-Square	Coeff Var	Root MSE	herdsize Mean
0.581411	69.90314	28.34031	40.54225

Source	DF	Type III SS	Mean Square	F Value	Pr > F
dist	8	4431.69280	553.96160	0.69	0.6995
sex	1	5727.28971	5727.28971	7.13	0.0091
educ	4	1503.07729	375.76932	0.47	0.7591
dem	3	11075.35702	3691.78567	4.60	0.0050
farmcat	2	4688.78129	2344.39065	2.92	0.0596
time	2	1130.71656	565.35828	0.70	0.4976
incsos	8	5131.40913	641.42614	0.80	0.6054
extser	3	5635.61562	1878.53854	2.34	0.0794
brdsyst	2	1900.71557	950.35778	1.18	0.3114
pdksyst	1	106.87137	106.87137	0.13	0.7162
livhusb	6	2639.55072	439.92512	0.55	0.7704
watacc	1	163.79499	163.79499	0.20	0.6527
presrv	4	5002.65195	1250.66299	1.56	0.1934
gvtasst	5	4552.42437	910.48487	1.13	0.3492
tenure	4	7656.96994	1914.24249	2.38	0.0579
brdcomp	4	1675.66984	418.91746	0.52	0.7201

Parameter		Estimate		Standard Error	t Value	Pr > |t|
dist	1	64.2245576	B	113.4483287	0.57	0.5728
dist	2	94.0196391	B	113.9668643	0.82	0.4118
dist	3	91.9158517	B	115.2718668	0.80	0.4275
dist	4	84.1698944	B	111.5025697	0.75	0.4525
dist	5	104.8817176	B	117.7306908	0.89	0.3756
dist	6	80.4488567	B	113.1898069	0.71	0.4792
dist	7	137.3933632	B	128.5610776	1.07	0.2883
dist	8	90.6525694	B	112.1629235	0.81	0.4213
dist	9	87.3447138	B	111.2086462	0.79	0.4344

Parameter		Estimate		Standard Error	t Value	Pr > |t|
sex	1	37.7130745	B	14.1228367	2.67	0.0091
sex	2	0.0000000	B	.	.	.

The GLM Procedure

Dependent Variable: herdsize

Parameter		Estimate		Standard Error	t Value	Pr > |t|
educ	1	-1.4309803	B	16.6798450	-0.09	0.9318
educ	2	-13.8864498	B	13.7638822	-1.01	0.3160
educ	3	-5.8863826	B	12.6319940	-0.47	0.6424
educ	4	-10.4161782	B	15.1901704	-0.69	0.4948
educ	5	0.0000000	B	.	.	.
dem	1	-116.3369348	B	41.2194058	-2.82	0.0060
dem	2	-102.7594164	B	42.8289650	-2.40	0.0187
dem	3	-50.2183215	B	50.4960765	-0.99	0.3229
dem	4	0.0000000	B	.	.	.
farmcat	1	25.3724097	B	37.9264400	0.67	0.5054
farmcat	2	41.8226690	B	38.1798978	1.10	0.2765
farmcat	3	0.0000000	B	.	.	.
time	1	-11.4583745	B	9.6709174	-1.18	0.2395
time	2	-3.8267197	B	8.0438460	-0.48	0.6355
time	3	0.0000000	B	.	.	.
incsos	1	-10.9462169	B	41.6082783	-0.26	0.7931
incsos	2	19.5515547	B	40.2245171	0.49	0.6282
incsos	3	4.3415358	B	39.6247410	0.11	0.9130
incsos	4	-0.0178459	B	40.4842019	-0.00	0.9996
incsos	5	11.3695637	B	41.1168732	0.28	0.7828
incsos	6	1.1516052	B	44.4821600	0.03	0.9794
incsos	7	-8.8643879	B	47.4282580	-0.19	0.8522
incsos	8	-1.0991425	B	45.6332757	-0.02	0.9808
incsos	9	0.0000000	B	.	.	.
extser	1	-35.2828988	B	38.9172337	-0.91	0.3672
extser	2	-11.5360837	B	40.4240732	-0.29	0.7761
extser	3	-26.2301270	B	45.6930410	-0.57	0.5675
extser	5	0.0000000	B	.	.	.
brdsyst	1	31.4401192	B	41.4324302	0.76	0.4501
brdsyst	2	17.3419114	B	40.8034667	0.43	0.6719
brdsyst	3	0.0000000	B	.	.	.
pdksyst	1	-3.8163626	B	10.4622122	-0.36	0.7162
pdksyst	2	0.0000000	B	.	.	.
livhusb	1	18.7838260	B	35.5655150	0.53	0.5988
livhusb	2	-6.3255647	B	42.0290654	-0.15	0.8807
livhusb	3	1.4305436	B	35.3905152	0.04	0.9679
livhusb	4	-1.7551422	B	37.3983880	-0.05	0.9627
livhusb	5	17.3633741	B	40.1876478	0.43	0.6668
livhusb	6	13.8611882	B	33.3489105	0.42	0.6787
livhusb	7	0.0000000	B	.	.	.
watacc	1	3.7481265	B	8.2998168	0.45	0.6527
watacc	2	0.0000000	B	.	.	.
presrv	1	-4.3964245	B	21.3038165	-0.21	0.8370
presrv	2	3.0330121	B	24.2747863	0.12	0.9009
presrv	3	0.6824647	B	41.1976795	0.02	0.9868
presrv	5	12.8004927	B	20.9930548	0.61	0.5437

The GLM Procedure

Dependent Variable: herdsize

Parameter		Estimate		Standard Error	t Value	Pr > |t|
presrv	6	0.0000000	B	.	.	.
gvtasst	1	-26.5066482	B	14.7805384	-1.79	0.0766
gvtasst	2	-53.9179399	B	33.3493253	-1.62	0.1097
gvtasst	3	-16.5691909	B	10.6073632	-1.56	0.1221
gvtasst	4	-12.5360111	B	9.7710545	-1.28	0.2031

gvtasst	5	-20.4009501 B	45.1632689	-0.45	0.6527
gvtasst	6	0.0000000 B	.	.	.
tenure	1	42.0895089 B	24.6537704	1.71	0.0915
tenure	2	1.3496273 B	20.8009161	0.06	0.9484
tenure	3	-6.8468079 B	19.1816478	-0.36	0.7220
tenure	4	-20.1840683 B	29.8068686	-0.68	0.5002
tenure	5	0.0000000 B	.	.	.
brdcomp	1	5.2191457 B	33.8869769	0.15	0.8780
brdcomp	2	21.1672755 B	33.8077194	0.63	0.5330
brdcomp	3	19.4632534 B	32.4997726	0.60	0.5509
brdcomp	4	26.9546015 B	48.7465842	0.55	0.5818
brdcomp	9	0.0000000 B	.	.	.

NOTE: The X'X matrix has been found to be singular, and a generalized inverse was used to solve the normal equations. Terms whose estimates are followed by the letter 'B' are not uniquely estimable.

The SAS System 19:26 Tuesday, October 22, 2013 23

The GLM Procedure
Least Squares Means

dist	herdsize LSMEAN	Standard Error	Pr > |t|	LSMEAN Number
1	31.222104	31.148189	0.3191	1
2	61.017185	29.969320	0.0449	2
3	58.913398	33.182532	0.0795	3
4	51.167441	28.906117	0.0804	4
5	71.879264	39.401295	0.0717	5
6	47.446403	28.458153	0.0992	6
7	104.390909	62.282298	0.0975	7
8	57.650116	28.466951	0.0461	8
9	54.342260	29.151131	0.0658	9

Least Squares Means for Effect dist
t for H0: LSMean(i)=LSMean(j) / Pr > |t|

Dependent Variable: herdsize

i/j	1	2	3	4	5	6	7	8	9
1		-1.65998	-1.09145	-1.08359	-1.36366	-1.04293	-1.24836	-1.57379	-1.33036
		0.1007	0.2782	0.2817	0.1764	0.3000	0.2154	0.1193	0.1870
2	1.659978		0.095793	0.609838	-0.38849	0.943685	-0.76286	0.21015	0.377247
	0.1007		0.9239	0.5436	0.6986	0.3481	0.4477	0.8341	0.7070
3	1.091452	-0.09579		0.380856	-0.40345	0.576199	-0.81984	0.061164	0.196194
	0.2782	0.9239		0.7043	0.6877	0.5660	0.4147	0.9514	0.8449
4	1.083587	-0.60984	-0.38086		-0.75558	0.288666	-1.00351	-0.41869	-0.20423
	0.2817	0.5436	0.7043		0.4520	0.7736	0.3185	0.6765	0.8387
5	1.363661	0.388494	0.403449	0.755575		0.891395	-0.54506	0.496956	0.611937
	0.1764	0.6986	0.6877	0.4520		0.3753	0.5872	0.6205	0.5423
6	1.04293	-0.94368	-0.5762	-0.28867	-0.8914		-1.01093	-0.82995	-0.60632
	0.3000	0.3481	0.5660	0.7736	0.3753		0.3150	0.4089	0.5460
7	1.248364	0.762864	0.81984	1.003512	0.545064	1.010926		0.81671	0.872458
	0.2154	0.4477	0.4147	0.3185	0.5872	0.3150		0.4164	0.3855

8	1.57379	-0.21015	-0.06116	0.418691	-0.49696	0.829954	-0.81671	0.213755
	0.1193	0.8341	0.9514	0.6765	0.6205	0.4089	0.4164	0.8313
9	1.330358	-0.37725	-0.19619	0.204227	-0.61194	0.606324	-0.87246	-0.21376
	0.1870	0.7070	0.8449	0.8387	0.5423	0.5460	0.3855	0.8313

NOTE: To ensure overall protection level, only probabilities associated with pre-planned comparisons should be used.

sex	herdsize LSMEAN	Standard Error	H0:LSMEAN=0 Pr > |t|	H0:LSMean1=LSMean2 t Value	Pr > |t|
1	78.6375460	29.9337657	0.0103	2.67	0.0091
2	40.9244715	29.3171996	0.1665		

The SAS System 19:26 Tuesday, October 22, 2013 24

The GLM Procedure
Least Squares Means

educ	herdsize LSMEAN	Standard Error	Pr > |t|	LSMEAN Number
1	64.6740267	30.6799989	0.0380	1
2	52.2185572	30.0841701	0.0863	2
3	60.2186244	29.1608984	0.0420	3
4	55.6888287	30.2289481	0.0690	4
5	66.1050069	29.7144221	0.0288	5

Least Squares Means for Effect educ
t for H0: LSMean(i)=LSMean(j) / Pr > |t|

Dependent Variable: herdsize

i/j	1	2	3	4	5
1		0.953556	0.364414	0.56457	-0.08579
		0.3431	0.7165	0.5739	0.9318
2	-0.95356		-1.01475	-0.27933	-1.00891
	0.3431		0.3132	0.7807	0.3160
3	-0.36441	1.014755		0.410631	-0.46599
	0.7165	0.3132		0.6824	0.6424
4	-0.56457	0.279326	-0.41063		-0.68572
	0.5739	0.7807	0.6824		0.4948
5	0.085791	1.008905	0.46599	0.685718	
	0.9318	0.3160	0.6424	0.4948	

NOTE: To ensure overall protection level, only probabilities associated with pre-planned comparisons should be used.

dem	herdsize LSMEAN	Standard Error	Pr > |t|	LSMEAN Number
1	10.772742	26.605980	0.6866	1
2	24.350261	27.837132	0.3842	2
3	76.891355	36.345188	0.0374	3
4	127.109677	49.694897	0.0124	4

The SAS System 19:26 Tuesday, October 22, 2013 25

The GLM Procedure
Least Squares Means

Least Squares Means for Effect dem
t for H0: LSMean(i)=LSMean(j) / Pr > |t|

Dependent Variable: herdsize

i/j	1	2	3	4
1		-0.97638 0.3317	-2.34164 0.0216	-2.82238 0.0060
2	0.976383 0.3317		-1.88966 0.0623	-2.3993 0.0187
3	2.341642 0.0216	1.889664 0.0623		-0.9945 0.3229
4	2.822383 0.0060	2.399297 0.0187	0.994499 0.3229	

NOTE: To ensure overall protection level, only probabilities associated with pre-planned comparisons should be used.

farmcat	herdsize LSMEAN	Standard Error	Pr > |t|	LSMEAN Number
1	62.7550589	26.4446698	0.0200	1
2	79.2053182	26.6603846	0.0039	2
3	37.3826492	45.3472259	0.4121	3

Least Squares Means for Effect farmcat
t for H0: LSMean(i)=LSMean(j) / Pr > |t|

Dependent Variable: herdsize

i/j	1	2	3
1		-2.27736 0.0253	0.66899 0.5054
2	2.277355 0.0253		1.095411 0.2765
3	-0.66899 0.5054	-1.09541 0.2765	

NOTE: To ensure overall protection level, only probabilities associated with pre-planned comparisons should be used.

The GLM Procedure
Least Squares Means

time	herdsize LSMEAN	Standard Error	Pr > |t|	LSMEAN Number
1	53.4176657	29.2182128	0.0711	1
2	61.0493204	29.7672002	0.0434	2
3	64.8760402	28.8299314	0.0271	3

Least Squares Means for Effect time
t for H0: LSMean(i)=LSMean(j) / Pr > |t|

Dependent Variable: herdsize

i/j	1	2	3
1		-0.75004 0.4553	-1.18483 0.2395
2	0.750044 0.4553		-0.47573 0.6355
3	1.184828 0.2395	0.475733 0.6355	

NOTE: To ensure overall protection level, only probabilities associated with pre-planned comparisons should be used.

incsos	herdsize LSMEAN	Standard Error	Pr > |t|	LSMEAN Number
1	47.1140512	33.0439194	0.1577	1
2	77.6118228	31.1367068	0.0147	2
3	62.4018038	30.4925614	0.0439	3
4	58.0424222	30.7374122	0.0625	4
5	69.4298318	31.0862718	0.0282	5
6	59.2118733	31.5081129	0.0637	6
7	49.1958801	31.8519709	0.1263	7
8	56.9611255	36.7143066	0.1246	8
9	58.0602681	50.2220755	0.2510	9

The GLM Procedure
Least Squares Means

Least Squares Means for Effect incsos
t for H0: LSMean(i)=LSMean(j) / Pr > |t|

Dependent Variable: herdsize

i/j	1	2	3	4	5	6	7	8	9
1		-1.36534	-0.7476	-0.49082	-0.97695	-0.44688	-0.07158	-0.31021	-0.26308
		0.1758	0.4568	0.6248	0.3314	0.6561	0.9431	0.7572	0.7931
2	1.365337		1.464378	2.176869	0.783789	0.994282	1.026381	0.829395	0.486061
	0.1758		0.1469	0.0323	0.4354	0.3230	0.3077	0.4093	0.6282
3	0.747603	-1.46438		0.496191	-0.64821	0.174181	0.490859	0.21032	0.109566
	0.4568	0.1469		0.6211	0.5186	0.8621	0.6248	0.8339	0.9130
4	0.490821	-2.17687	-0.49619		-1.14989	-0.0654	0.31722	0.042126	-0.00044
	0.6248	0.0323	0.6211		0.2535	0.9480	0.7519	0.9665	0.9996
5	0.976951	-0.78379	0.64821	1.149886		0.55551	0.700243	0.465513	0.276518
	0.3314	0.4354	0.5186	0.2535		0.5800	0.4857	0.6428	0.7828
6	0.446884	-0.99428	-0.17418	0.0654	-0.55551		0.323153	0.07055	0.025889
	0.6561	0.3230	0.8621	0.9480	0.5800		0.7474	0.9439	0.9794
7	0.071576	-1.02638	-0.49086	-0.31722	-0.70024	-0.32315		-0.22371	-0.1869
	0.9431	0.3077	0.6248	0.7519	0.4857	0.7474		0.8235	0.8522
8	0.310213	-0.8294	-0.21032	-0.04213	-0.46551	-0.07055	0.223714		-0.02409
	0.7572	0.4093	0.8339	0.9665	0.6428	0.9439	0.8235		0.9808
9	0.263078	-0.48606	-0.10957	0.000441	-0.27652	-0.02589	0.186901	0.024086	
	0.7931	0.6282	0.9130	0.9996	0.7828	0.9794	0.8522	0.9808	

NOTE: To ensure overall protection level, only probabilities associated with pre-planned comparisons should be used.

herdsize	Standard	LSMEAN

extser	LSMEAN	Error	Pr > |t|	Number
1	42.7603874	28.4257744	0.1363	1
2	66.5072024	29.7687457	0.0282	2
3	51.8131591	31.4681503	0.1034	3
5	78.0432861	47.2133473	0.1021	4

The GLM Procedure
Least Squares Means

Least Squares Means for Effect extser
t for H0: LSMean(i)=LSMean(j) / Pr > |t|

Dependent Variable: herdsize

i/j	1	2	3	4
1		-2.45197 0.0163	-0.39824 0.6915	-0.90661 0.3672
2	2.451974 0.0163		0.620526 0.5366	-0.28538 0.7761
3	0.398244 0.6915	-0.62053 0.5366		-0.57405 0.5675
4	0.906614 0.3672	0.285377 0.7761	0.574051 0.5675	

NOTE: To ensure overall protection level, only probabilities associated with pre-planned comparisons should be used.

brdsyst	herdsize LSMEAN	Standard Error	Pr > |t|	LSMEAN Number
1	74.9604511	28.3327214	0.0097	1
2	60.8622433	26.3100309	0.0232	2
3	43.5203319	46.3388152	0.3504	3

Least Squares Means for Effect brdsyst
t for H0: LSMean(i)=LSMean(j) / Pr > |t|

Dependent Variable: herdsize

i/j	1	2	3
1		1.453616 0.1498	0.758829 0.4501
2	-1.45362 0.1498		0.425011 0.6719
3	-0.75883 0.4501	-0.42501 0.6719	

NOTE: To ensure overall protection level, only probabilities associated with pre-planned comparisons should be used.

The GLM Procedure
Least Squares Means

pdksyst	herdsize LSMEAN	Standard Error	H0:LSMEAN=0 Pr > |t|	H0:LSMean1=LSMean2 t Value	Pr > |t|
1	57.8728275	29.7778407	0.0553	-0.36	0.7162
2	61.6891901	28.7020976	0.0345		

livhusb	herdsize LSMEAN	Standard Error	Pr > |t|	LSMEAN Number
1	72.3708026	31.2040345	0.0228	1
2	47.2614119	38.3629199	0.2214	2
3	55.0175203	30.7257413	0.0770	3
4	51.8318344	31.3397926	0.1019	4
5	70.9503508	32.9256027	0.0341	5
6	67.4481648	28.6925517	0.0211	6
7	53.5869766	43.1806916	0.2181	7

Least Squares Means for Effect livhusb
t for H0: LSMean(i)=LSMean(j) / Pr > |t|

Dependent Variable: herdsize

i/j	1	2	3	4	5	6	7
1		1.053301	1.230079	1.074128	0.055781	0.450634	0.528147
		0.2953	0.2221	0.2859	0.9557	0.6534	0.5988
2	-1.0533		-0.30703	-0.15993	-0.68949	-0.8253	-0.1505
	0.2953		0.7596	0.8733	0.4924	0.4116	0.8807
3	-1.23008	0.30703		0.156936	-0.63439	-1.03214	0.040422
	0.2221	0.7596		0.8757	0.5276	0.3050	0.9679
4	-1.07413	0.15993	-0.15694		-0.65403	-0.89957	-0.04693
	0.2859	0.8733	0.8757		0.5149	0.3710	0.9627
5	-0.05578	0.689492	0.63439	0.654031		0.14929	0.432057
	0.9557	0.4924	0.5276	0.5149		0.8817	0.6668
6	-0.45063	0.825296	1.032136	0.899573	-0.14929		0.415641
	0.6534	0.4116	0.3050	0.3710	0.8817		0.6787
7	-0.52815	0.150505	-0.04042	0.046931	-0.43206	-0.41564	
	0.5988	0.8807	0.9679	0.9627	0.6668	0.6787	

NOTE: To ensure overall protection level, only probabilities associated with pre-planned comparisons should be used.

The SAS System 19:26 Tuesday, October 22, 2013 30

The GLM Procedure
Least Squares Means

watacc	herdsize LSMEAN	Standard Error	H0:LSMEAN=0 Pr > |t|	H0:LSMean1=LSMean2 t Value	Pr > |t|
1	61.6550720	28.3172668	0.0323	0.45	0.6527
2	57.9069455	29.8056561	0.0554		

presrv	herdsize LSMEAN	Standard Error	Pr > |t|	LSMEAN Number
1	52.9606753	27.6554781	0.0589	1
2	60.3901119	29.3709297	0.0429	2
3	58.0395644	42.9325852	0.1801	3
5	70.1575925	28.4297674	0.0157	4
6	57.3570998	35.7021938	0.1120	5

Least Squares Means for Effect presrv
t for H0: LSMean(i)=LSMean(j) / Pr > |t|

Dependent Variable: herdsize

i/j	1	2	3	4	5
1		-0.54269	-0.1477	-2.46125	-0.20637
		0.5888	0.8829	0.0159	0.8370
2	0.542686		0.07	-0.73185	0.124945
	0.5888		0.9444	0.4663	0.9009
3	0.147698	-0.07		-0.35504	0.016566
	0.8829	0.9444		0.7235	0.9868
4	2.461249	0.731847	0.355045		0.609749
	0.0159	0.4663	0.7235		0.5437
5	0.206368	-0.12494	-0.01657	-0.60975	
	0.8370	0.9009	0.9868	0.5437	

NOTE: To ensure overall protection level, only probabilities associated with pre-planned comparisons should be used.

gvtasst	herdsize LSMEAN	Standard Error	Pr > |t|	LSMEAN Number
1	54.9294840	30.1070848	0.0717	1
2	27.5181923	39.6115125	0.4892	2
3	64.8669412	28.7208165	0.0265	3
4	68.9001210	28.8065831	0.0190	4
5	61.0351820	52.0251074	0.2441	5
6	81.4361321	29.1002068	0.0064	6

The GLM Procedure
Least Squares Means

Least Squares Means for Effect gvtasst
t for H0: LSMean(i)=LSMean(j) / Pr > |t|

Dependent Variable: herdsize

i/j	1	2	3	4	5	6
1		0.782751	-0.75892	-1.03743	-0.13829	-1.79335
		0.4360	0.4501	0.3025	0.8903	0.0766
2	-0.78275		-1.11455	-1.22719	-0.60478	-1.61676
	0.4360		0.2683	0.2232	0.5470	0.1097
3	0.758919	1.114553		-0.47312	0.088953	-1.56205
	0.4501	0.2683		0.6374	0.9293	0.1221
4	1.037428	1.22719	0.47312		0.178986	-1.28297
	0.3025	0.2232	0.6374		0.8584	0.2031
5	0.138286	0.60478	-0.08895	-0.17899		-0.45172
	0.8903	0.5470	0.9293	0.8584		0.6527
6	1.793348	1.616763	1.562046	1.282974	0.451716	
	0.0766	0.1097	0.1221	0.2031	0.6527	

NOTE: To ensure overall protection level, only probabilities associated with pre-planned comparisons should be used.

tenure	herdsize LSMEAN	Standard Error	Pr > |t|	LSMEAN Number
1	98.5888656	28.6936460	0.0009	1
2	57.8489841	29.7264799	0.0550	2
3	49.6525488	29.1726965	0.0925	3
4	36.3152885	37.5693598	0.3365	4
5	56.4993568	34.2329685	0.1026	5

Least Squares Means for Effect tenure
t for H0: LSMean(i)=LSMean(j) / Pr > |t|

Dependent Variable: herdsize

i/j	1	2	3	4	5
1		2.060654	2.916015	2.272032	1.707224
		0.0425	0.0046	0.0257	0.0915
2	-2.06065		0.719274	0.858439	0.064883
	0.0425		0.4740	0.3931	0.9484
3	-2.91601	-0.71927		0.57949	-0.35695
	0.0046	0.4740		0.5638	0.7220
4	-2.27203	-0.85844	-0.57949		-0.67716
	0.0257	0.3931	0.5638		0.5002

The GLM Procedure
Least Squares Means

Least Squares Means for Effect tenure
t for H0: LSMean(i)=LSMean(j) / Pr > |t|

Dependent Variable: herdsize

i/j	1	2	3	4	5
5	-1.70722	-0.06488	0.356946	0.677162	
	0.0915	0.9484	0.7220	0.5002	

NOTE: To ensure overall protection level, only probabilities associated with pre-planned comparisons should be used.

brdcomp	herdsize LSMEAN	Standard Error	Pr > |t|	LSMEAN Number
1	50.4392992	28.8538028	0.0841	1
2	66.3874290	27.2919020	0.0171	2
3	64.6834070	27.7389369	0.0221	3
4	72.1747550	44.3597406	0.1075	4
9	45.2201536	42.7645932	0.2934	5

Least Squares Means for Effect brdcomp
t for H0: LSMean(i)=LSMean(j) / Pr > |t|

Dependent Variable: herdsize

i/j	1	2	3	4	5
1		-1.10047	-1.2881	-0.59955	0.154016
		0.2743	0.2013	0.5504	0.8780
2	1.100466		0.165725	-0.15835	0.626108
	0.2743		0.8688	0.8746	0.5330
3	1.288097	-0.16573		-0.21555	0.598874
	0.2013	0.8688		0.8299	0.5509
4	0.599555	0.158347	0.215554		0.552954
	0.5504	0.8746	0.8299		0.5818
5	-0.15402	-0.62611	-0.59887	-0.55295	
	0.8780	0.5330	0.5509	0.5818	

NOTE: To ensure overall protection level, only probabilities associated with pre-planned comparisons should be used.

Apêndice 3: Mapas dos sítios de delimitação do distrito de Umguza

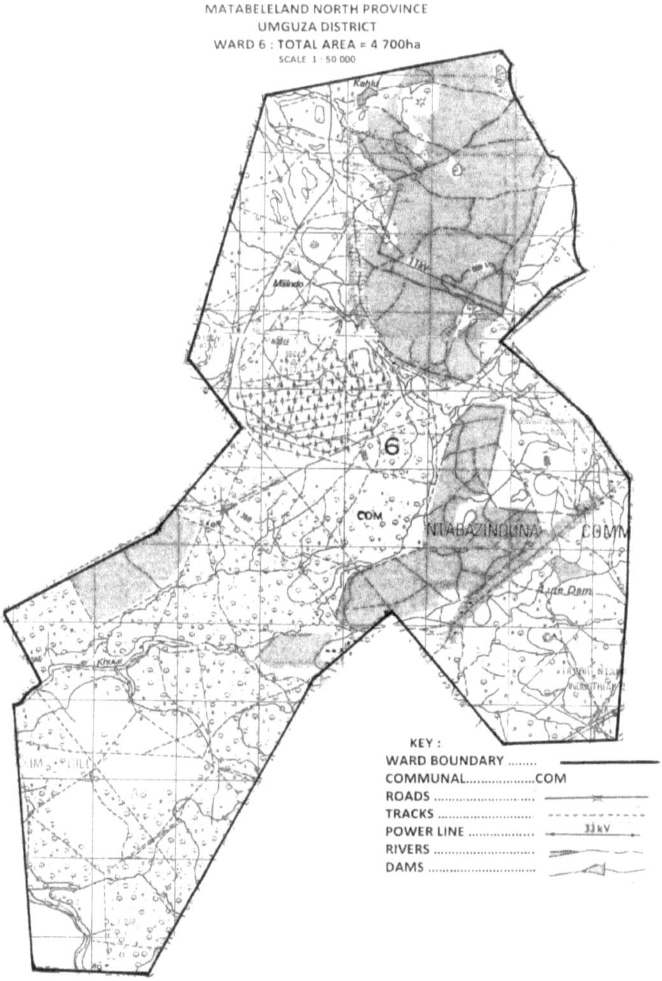

MATABELELAND NORTH PROVINCE

UMGUZA DISTRICT

WARD14 : TOTAL AREA = 35 625ha

SCALE 1: 250 000

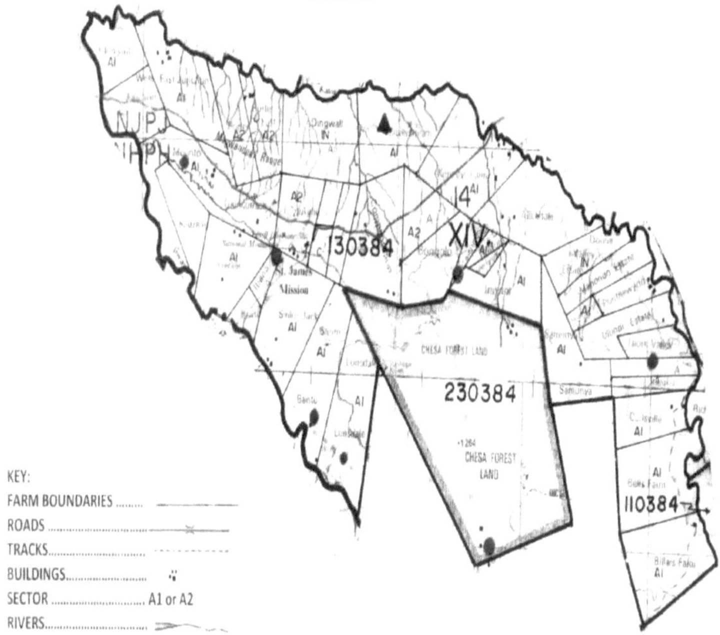

MINISTRY OF LANDS

Apêndice 4 Locais de estudo de delimitação do distrito de Bubi

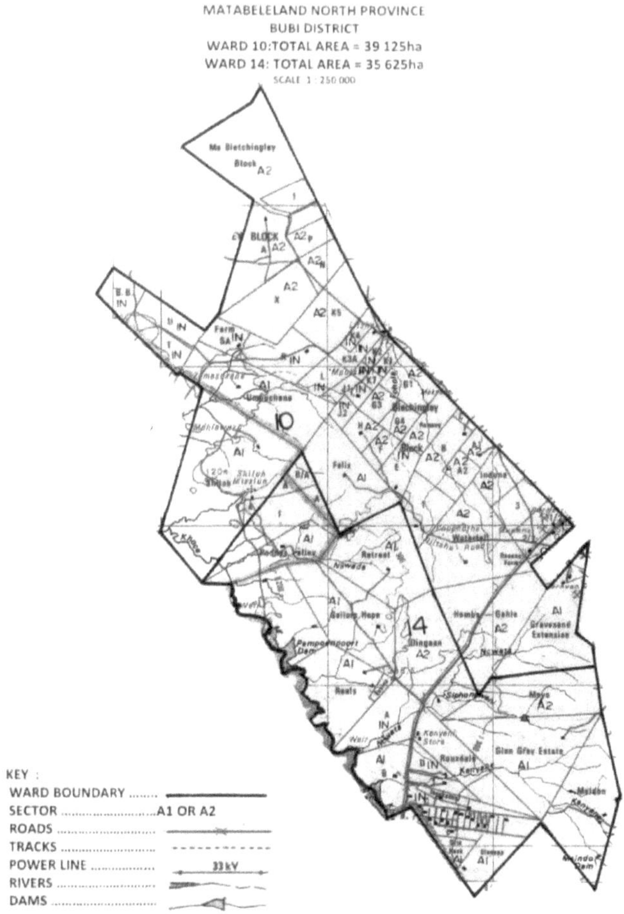

MIX
Papier aus verantwortungsvollen Quellen
Paper from responsible sources
FSC® C105338

Printed by Books on Demand GmbH, Norderstedt / Germany